"十一五"国家重点图书出版规划

环 境 经 济 核 算 丛 书

中国环境经济核算研究报告 2013—2014

Chinese Environmental and Economic Accounting Report 2013-2014

马国霞 彭 菲 於 方 等著

中国环境出版集团·北京

图书在版编目（CIP）数据

中国环境经济核算研究报告.2013—2014/马国霞等著.
—北京：中国环境出版集团，2019.9
（环境经济核算丛书）
ISBN 978-7-5111-4099-9

Ⅰ.①中… Ⅱ.①马… Ⅲ.①环境经济—经济核算—
研究报告—中国—2003—2014 Ⅳ.①X196

中国版本图书馆 CIP 数据核字（2019）第 206580 号

出 版 人　武德凯
策　　划　陈金华
责任编辑　陈金华　董蓓蓓
责任校对　任　丽
封面设计　彭　杉

出版发行　**中国环境出版集团**
　　　　　（100062　北京市东城区广渠门内大街 16 号）
　　　　　网　　址：http://www.cesp.com.cn
　　　　　电子邮箱：bjgl@cesp.com.cn
　　　　　联系电话：010-67112765（编辑管理部）
　　　　　发行热线：010-67125803，010-67113405（传真）
印　　刷　北京中科印刷有限公司
经　　销　各地新华书店
版　　次　2019 年 9 月第 1 版
印　　次　2019 年 9 月第 1 次印刷
开　　本　787×960　1/16
印　　张　12
字　　数　210 千字
定　　价　55.00 元

中国环境出版集团郑重承诺：
中国环境出版集团合作的印刷单位、材料单位均具有中国环境标志产品认证；
中国环境出版集团所有图书"禁塑"。

以科学和宽容的态度对待"绿色 GDP"核算

（代总序）

自 1978 年中国改革开放 40 多年来,中国的 GDP 以平均每年 9.8% 的高速度增长,中国创造了现代世界经济发展的奇迹。但是,西方近 200 年工业化产生的环境问题也在中国近 20 年期间集中爆发了出来,环境污染正在损耗中国经济社会赖以发展的环境资源家底,社会经济的可持续发展面临着前所未有的压力。严峻的生态环境形势给我们敲响了警钟：模仿西方工业化的模式,靠拼资源、牺牲环境发展经济的老路是走不通的。在这种形势下,中国政府高屋建瓴、审时度势,提出了坚持以人为本、全面、协调、可持续的科学发展观,以科学发展观统领社会经济发展,走可持续发展道路。

（一）

实施科学发展亟待解决的一个关键问题是,如何从科学发展观的角度,对人类社会经济发展的历史轨迹、经济增长的本质及其质量做出科学的评价？国内生产总值（GDP）作为国民经济核算体系（SNA）中最重要的总量指标,被世界各国普遍采用以衡量国家或地区经济发展总体水平,然而传统的国民经济核算体系,特别是作为主要指标的 GDP 已经不能如实、全面地反映人类社会经济活动对自然资源的消耗和生态环境的恶化状况,这样必然会导致经济发展陷入高耗能、高污染、高浪费的粗放型发展误区,从而对人类社会的可持续发展产生负面影响。为此,20 世纪 70 年代以来,一些国外学者开始研究修改传统的国民经济核算体系,提出了绿色 GDP 核算、绿色国民经济核算、综合环境经济核算等概念。一些国家和政府组织逐步开展了绿色 GDP 账户体系的研究和试算工作,并取得了一定的进展。在这期间,中国学者也做了一些开拓性的基础性研究。

中国在政府层面上开展绿色 GDP 核算有其强烈的政治需求。这也是中国独特的社会政治制度、干部考核制度和经济发展模式所决定的。时任总书记胡锦涛在 2004 年中央人口资源环境工作座谈会上就指出："要研究绿色国民经济核算方法，探索将发展过程中的资源消耗、环境损失和环境效益纳入经济发展水平的评价体系，建立和维护人与自然相对平衡的关系。"2005 年，国务院《关于落实科学发展观加强环境保护的决定》中也强调指出："要加快推进绿色国民经济核算体系的研究，建立科学评价发展与环境保护成果的机制，完善经济发展评价体系，将环境保护纳入地方政府和领导干部考核的重要内容"。2007 年，胡锦涛总书记在党的十七大报告中指出，我国社会经济发展中面临的突出问题就是"经济增长的资源环境代价过大"。2012年，胡锦涛总书记在党的十八大报告中又指出，要"把资源消耗、环境损害、生态效益纳入经济社会发展评价体系，建立体现生态文明要求的目标体系、考核办法、奖惩机制"。所有这些都说明了开展和继续探索绿色 GDP 核算的现实需求，要求有关部门和研究机构从区域和行业出发，从定量货币化的角度去核算发展的资源环境代价，告诉政府和老百姓"过大"的资源环境代价究竟有多大。

在这样一个历史背景下，国家环境保护总局和国家统计局于 2004年联合开展了"综合环境与经济核算（绿色 GDP）研究"项目，由国家环境保护总局环境规划院、中国人民大学、国家环境保护总局环境与经济政策研究中心、中国环境监测总站等单位组成的研究队伍承担了这一研究项目。2004 年 6 月 24 日，国家环保总局和国家统计局在杭州联合召开了"建立中国绿色国民经济核算体系"国际研讨会，国内外近 200 位官员和专家参加了研讨会，这是中国绿色 GDP 核算研究的一个重要里程碑。2005 年，国家环保总局和国家统计局启动并开展了 10 个省市区的绿色 GDP 核算研究试点和环境污染损失的调查。此后，绿色 GDP 成了当时中国媒体一个脍炙人口的新词和热点议题。如果你用谷歌和百度引擎搜索"Green GDP"和"绿色 GDP"，就可以迅速分别找到 106 万篇和 207 万篇相关网页。这些数字足以证明社会各界对绿色 GDP 的关注和期望。

（二）

2006 年 9 月 7 日，国家环保总局和国家统计局两个部门首次发布了中国第一份《中国绿色国民经济核算研究报告 2004》，这也是国际上第一个由政府部门发布的绿色 GDP 核算报告，标志着中国的绿色国民经济核算研究取得了阶段性和突破性的成果。2006 年 9 月 19 日，全国人大环境与资源保护委员会还专门听取了项目组关于绿色 GDP 核算成果的汇报。目前，以环境保护部环境规划院为代表的技术组已经完成了 2004—2010 年共 7 年的全国环境经济核算研究报告。在这期间，世界银行援助中国开展了"建立中国绿色国民经济核算体系"项目，加拿大和挪威等国家相继与国家统计局开展了中国资源环境经济核算合作项目。中国的许多学者、研究机构、高等院校也开展了相应的研究，新闻媒体也对绿色 GDP 倍加关注，出现了大量有关绿色 GDP 的研究论文和评论，绿色 GDP 成为近几年的一个社会焦点和环境经济热点，但也有一些媒体对绿色 GDP 核算给予了过度的炒作和过高的期望。总体来看，在有关政府部门和研究机构的共同努力下，中国绿色国民经济核算研究取得了可喜的成果，同时，这项开创性的研究实践也得到了国际社会的高度评价。在第一份《中国绿色国民经济核算研究报告 2004》发布之际，国外主要报刊都对中国绿色 GDP 核算报告的发布进行了报道。国际社会普遍认为，中国开展绿色 GDP 核算试点是最大发展中国家在这个领域进行的有益尝试，也展现了中国敢于承担环境责任的大国形象，敢于面对问题、解决问题的勇气和决心。

2004 年度中国绿色 GDP 核算研究报告的成功发布得到了国内外对中国绿色 GDP 项目的热烈喝彩，但后续 2005 年度研究报告发布的"流产"也受到了一些官员和专家的质疑。一些官员对绿色 GDP 避而不谈甚至"谈绿色变"，认为绿色 GDP 的说法很不科学，也没有国际标准和通用的方法。特别是 2007 年年初环境保护部门与统计部门的纷争似乎表明，中国绿色 GDP 核算项目已经"寿终正寝"。但是，现实的情况是绿色 GDP 核算研究没有"夭折"，国家统计局正在尝试建立中国资源环境核算体系，在短期，可以填补绿色核算的缺位，在长期，则可以为未来实施绿色核算奠定基础。

从概念的角度来看，绿色 GDP 的确是媒体、社会的一种简化称呼。绿色 GDP 核算不等于绿色国民经济核算。绿色国民经济核算提供的政策信息要远多于绿色 GDP 核算本身包含的信息。科学的、专业的说法应该称作"绿色国民经济核算"或者国际上所称的"综合环境与经济核算"。但我们没有必要苛求公众去厘清这种概念的差异，公众喜欢叫"绿色 GDP"没有什么不好。这就像老百姓一般都习惯叫"GDP"一样，而没有必要让老百姓去理解"国民经济核算体系"。在国际层面，联合国统计署（UNSD）于 1989 年、1993 年、2000 年、2003 年分别发布了《综合环境与经济核算体系》（以下简称 SEEA）4 个版本。2011 年，联合国统计署发布了最新的 SEEA（讨论稿），为建立绿色国民经济核算总量、自然资源和污染账户提供了基本框架；欧洲议会于 2011 年 6 月初通过了"超越 GDP"决议和《欧盟环境经济核算法规》，这标志着环境经济核算体系将成为未来欧盟成员国统一使用的统计与核算标准。这些文件专门讨论了绿色 GDP 的问题。因此，"环境经济核算丛书"（以下简称"丛书"）也没有严格区分绿色 GDP 核算、绿色国民经济核算、资源环境经济核算的概念差异。

绿色 GDP 的定义不是唯一的。根据我们的理解，"丛书"所指的绿色 GDP 核算或绿色国民经济核算是一种在现有国民核算体系基础上，扣除资源消耗和环境成本后的 GDP 核算这样一种新的核算体系，是一个逐步发展的框架。绿色 GDP 可以一定程度上反映一个国家或者地区的真实经济福利水平，也能比较全面地反映经济活动的资源和环境代价。我们的绿色 GDP 核算项目提出的中国绿色国民经济核算框架，包括资源经济核算、环境经济核算两大部分。资源经济核算包括矿物资源、水资源、森林资源、耕地资源、草地资源，等等。环境经济核算主要是环境污染和生态破坏成本核算。这两个部分在传统的 GDP 里扣除之后，就得到我们所称的绿色 GDP。很显然，我们目前所做的核算仅仅是环境污染经济核算，而且是一个非常狭义的、附加很多条件的绿色 GDP 核算。我们从 2008 年开始探索生态破坏损失的核算，从 2010 年开始探索经济系统的物质流核算。即使这样，绿色 GDP 在反映经济活动的资源和环境代价方面，仍然发挥着重要作用。很显然，这种狭义的绿色 GDP 是 GDP 的补充，是依附于现实中的 GDP 指标的。因此，如果有一天，全国都实现了绿色经济和可持续发展，地方政府政绩考核也不再使用 GDP，那么这种非常狭义的绿色 GDP 也将会失去其现实意义。那时，绿色 GDP 将真正地"寿终正寝"，离开我们的 GDP 而去。

（三）

从科学的意义上来讲，我们目前开展的绿色 GDP 核算研究最后得到的仅仅是一个"经环境污染和部分生态破坏调整后的 GDP"，是一个不全面的、有诸多限制条件的绿色 GDP，是一个仅考虑部分环境污染和生态破坏扣减的绿色 GDP，与完整的绿色 GDP 还有相当的距离。严格意义上，现有的绿色 GDP 核算只是提出了两个主要指标：①经虚拟治理成本扣减的 GDP，或者称 GDP 的污染扣减指数；②环境污染损失占 GDP 的比例。而且，我们第一步核算出来的环境污染损失还不完整，还未包括全部的生态破坏损失、地下水污染损失、土壤污染损失等内容。完全意义上的绿色 GDP 是一项全新的、涉及多部门的工作，既包括资源核算，又包括环境核算，只能由国家统计局组织有关资源和环保部门经过长期的努力才能得到，是一个理想的、长期的核算目标。因此，我们要用一种宽容的、发展的眼光去看待绿色 GDP 核算，也希望大家以宽容的态度对待我们的"绿色 GDP"概念。

由于环境统计数据的可得性、时间的限制、剂量反应关系的缺乏等原因，目前发布的狭义绿色 GDP 核算和环境污染经济核算没有包括多项损失核算，如土壤和地下水污染损失、噪声和辐射等物理污染损失、污染造成的休闲娱乐损失、室内空气污染对人体健康造成的损失、臭氧对人体健康的影响损失、大气污染造成的林业损失、水污染对人体健康造成的损失等。这些缺项需要在下一步的研究工作中继续完善。这也是一种我们应该遵循的不断探索研究和不断进步完善的科学态度。但是，即使有这么多的损失缺项核算，已有的非常狭窄的绿色 GDP 核算结果也展示给我们一个发人深省的环境代价图景。2004 年狭义的环境污染损失已经达到 5 118 亿元，占到全国 GDP 的 3.05%。尽管 2004－2010 年环境污染损失占 GDP 的比例大体在 3%，但环境污染经济损失绝对量依然在逐年上升，表明全国环境污染恶化的趋势没有得到根本控制。

作为新的核算体系来说，中国的绿色 GDP 核算体系建立才刚刚开始。除环境污染核算、森林资源核算和水资源核算取得一定成果外，其他部门核算研究还相对滞后，环境核算中的生态破坏核算也刚刚起步。但需要强调的是，这只是一个探索性的研究项目。既然是研究项目，本身就决定它是探索性的，没有必要非得等到国际上设立一个明确的标准，我们再来开展完整的绿色 GDP 核算。如果有了国际标准，我们就不需要研究了，而是实施操作的问题了。绿色 GDP 核算的启动实施，虽面临着许多技术、观念和制度方面的障碍，但没有这样的核算指标，我们就无法全面衡量我们的真实发展水平，我们就无法用科学的基础数据来支撑可持续发展的战略决策，我们就无法实现对整个社会的综合统筹与协调。因此，无论有多少困难和阻力，我们都应当继续研究探索，逐步建立起符合中国国情的绿色 GDP 核算体系。党的十八大报告明确指出，要把资源消耗、环境损害、生态效益纳入经济社会发展评价体系，这是推动绿色 GDP 核算的最新动力。

（四）

《中国绿色国民经济核算研究报告 2004》是迄今为止唯一一份以政府部门名义公开发布的绿色 GDP 核算研究报告。考虑到目前开展的核算研究与完整的绿色 GDP 核算还有相当的差距，为了科学客观和正确引导起见，从 2005 年开始我们把报告名称调整为《中国环境经济核算研究报告》。到目前为止，我们陆续出版了 2005－2012 年的《中国环境经济核算研究报告》。这一点也证明了，尽管在制度层面上建立绿色 GDP 核算是一个非常艰巨的任务，但从技术层面来看，狭义的绿色 GDP 是可以核算的，至少从研究层面看是可以计算的。之所以至今才公布最新的研究报告，很大原因在于环境保护部门和统计部门在发布内容、发布方式乃至话语权方面都存在着较大分歧，同时也遇到一些地方的阻力。目前开展的绿色 GDP 核算中有两个重要概念，一个是"虚拟治理成本"；另一个是"环境污染损失"。这两个概念与 SEEA 关于绿色 GDP 的核算思路是一致的。虚拟治理成本是指假设把排放到环境中的污染"全部"进行治理所需的成本，这些成本可以用产品市场价格给予货币化，可以作为中间消耗从 GDP 中扣减，因此我们称虚拟治理成本占 GDP 的百分点为 GDP 的污染扣减指数。这是统计部门和环保部门都能够接受的一个概念。而环境污染损失是指排放到环境中的所有污染造成环境质量下降所带来的人体健康、经济活动和生态质量等方面的损失，然后通过环境价值特定核算方法得到的货币化损失值，通常要比虚拟治理成本高。由于对环境损失核算方法的认识存在分歧，我们就没有在 GDP 中扣减污染损失，我们称它为污染损失占 GDP 的比例。这是一种相对比较科学的、认真的做法，也是一种技术方法上的权衡。

中国绿色 GDP 核算研究报告发布的历程证明，在中国真正全面落实科学发展观并非易事。这样一个政府部门指导下的绿色 GDP 核算研究报告的发布都遇到了来自地方政府的阻力。2006 年第一次发布的绿色 GDP 核算研究报告中，并没有提供全国 31 个分省核算数据，而只是概括性地列出了东、中、西部的核算情况。这种做法对引导地方充分认识经济发展的资源环境代价起不到什么作用。但是，我们的绿色 GDP 核算是一种自下而上的核算，有各地区和各行业的核算结果。地方对公布全国 31 个省份的研究核算结果比较敏感。2006 年年底，参加绿色 GDP 核算试点的 10 个省市的核算试点工作全部通过了两个部门的验收，但只有两个省市公布了绿色 GDP 核算的研究成果，个别试点省市还曾向原国家环保总局和国家统计局正式发函，要求不要公布分省的核算结果。地方政府的这种态度变化以及部门的意见分歧使得绿色 GDP 核算研究报告的发布最终陷入了僵局。目前，许多地方仍然唯 GDP 至上，在这种观念支配下，要在政府层面上继续开展绿色 GDP 核算，甚至建立绿色 GDP 考核指标体系，其阻力之大是可想而知的。

（五）

中国有自己的国情，现在开展的绿色 GDP 核算研究则恰恰是符合中国目前的国情的。尽管目前的绿色 GDP 核算研究，无论是在核算框架、技术方法还是核算数据支持和制度安排方面，都存在这样和那样的众多问题，但是要特别强调的是这是新生事物，因此请大家要以包容的、宽容的、科学的态度去对待绿色 GDP 核算研究。尽管我们受到了一些压力，但我们依然在继续探索绿色 GDP 的核算，到目前为止也没有停止过研究。更让我们欣慰的是，这项研究得到了全社会关注的同时，也得到了社会的认可和肯定。绿色 GDP 核算研究小组获得了 2006 年绿色中国年度人物特别奖，"中国绿色国民经济核算体系研究"项目成果也获得了 2008 年度国家环境科学技术二等奖。根据 2010 年可持续研究地球奖申报、提名和评审结果，可持续研究地球奖评审团授予中国环境规划院 2010 年全球可持续研究奖第二名，以表彰中国环境规划院在环境经济核算方面做出的杰出成就和贡献。近几年，一些省市（如四川、湖南、深圳等）也继续开展了绿色 GDP 和环境经济核算研究。特别是随着生态文明和美丽中国建设的提出，社会层面上许多官员和学者又继续呼吁建立绿色 GDP 核算体系。

开展绿色国民经济核算研究工作是一项得民心、顺民意、合潮流的系统工程。我们不能认为国际上没有核算标准，就裹足不前了。我们不能认为绿色 GDP 核算会影响地方政府的形象，就不公开绿色 GDP 核算的报告。我们应该鼓励大胆探索研究，让中国在建立绿色国民经济核算"国际标准"方面做出贡献。2007 年 7 月，《中国青年报》社会调查中心与腾讯网新闻中心联合实施的一项公众调查表明：96.4% 的公众仍坚持认为"我国有必要进行绿色 GDP 核算"，85.2% 的人表示自己所在地"牺牲环境换取 GDP 增长"的现象普遍，79.6% 的人认为

"绿色 GDP 核算有助于扭转地方政府'唯 GDP'的政绩观"。调查对于"国际上还没有政府公布绿色 GDP 核算数据的先例，中国也不宜公布"和"绿色 GDP 核算理论和方法都尚不成熟，不宜对外发布"的说法，分别仅有 4.4%和 6.7%的人表示认同。2008 年《小康》杂志开展的一项调查表明，90%的公众认为为了制约地方政府用环境换取 GDP 的冲动，应该公开发布绿色 GDP 核算报告。

但是，无论从绿色 GDP 核算制度和体系角度来看，还是从核算方法和基础角度来看，近期把绿色 GDP 指标作为地方政府政绩考核指标都是不可能的，而且以政府平台发布核算报告也具有一定的局限性。如果把绿色 GDP 核算交给地方政府部门核算，与一些地方的虚假 GDP 核算一样，也会出现虚假的绿色 GDP 核算。因此，建议下一步的绿色 GDP 核算或环境经济核算研究报告以研究单位的研究报告方式出版发行，这也能起到一定的补充作用，也是一种比较稳妥、严谨客观、相对科学的做法。这样既可以排除地方政府部门的干扰，保证研究核算结果的公平公正，也能在一定程度上减轻地方政府部门的压力。经过一定时间的研究探索和全面的试点完善，再把绿色 GDP 核算纳入地方政府的官员政绩考核体系中。大家知道，现有的国民经济核算体系也是经过 20 多年摸索才建立起来的，GDP 核算结果也经常受到质疑，仍处于不断的继续完善之中。同样，绿色 GDP 核算体系的建立也需要一个很长的时间，或许是 20 年、30 年甚至更长的时间。总之，我们都要以科学的、宽容的态度去对待绿色 GDP 核算研究。

（六）

开展绿色 GDP 核算的意义和作用是一个具有争议性的话题。不管如何，绿色 GDP 核算报告的发布造成这么大的震动，成为当年地方政府如此敏感的话题，本身就证明绿色 GDP 核算是有用的。绿色 GDP 核算触及了一些地方官员的痛处，让他们有所顾忌他们的发展模式，这样我们的目的实际上就达到了一半。有触痛说明绿色 GDP 核算研究就还有点用。绿色 GDP 意味着观念的深刻转变，意味着科学发展观的一种衡量尺度。一旦能够真正实施绿色 GDP 考核，人们心中的发展内涵与衡量标准就要随之改变，同时由于扣除环境损失成本，也会使一些地区的经济增长"业绩"大大下降。我们认为，通过发布这样的年度绿色 GDP 核算报告，必定会激励各级领导干部在发展经济的同时顾及环境问题、生态问题和资源问题。无论他们是主动顾忌，还是被动顾忌，只要有所顾忌就好。而且，我们相信随着研究工作的持续开展，他们的观念会从被动顾忌转向主动顾忌，从主动顾忌到主动选择，从而最终促进资源节约和环境友好型社会的发展。

全国以及 10 个省市的核算试点表明，开展绿色 GDP 核算和环境经济核算对于落实科学发展观、促进环境与经济的科学决策具有重要的意义，具体表现在：一是通过核算引导树立科学发展观。通过绿色 GDP 核算，促使地方政府充分认识经济增长的巨大环境代价，引导地方政府部门从追求短期利益向追求社会经济长远利益发展。根据环境保护部环境规划院 2007 年对全国近 100 个市长的调查，有 95.6%的官员认为建立绿色 GDP 核算体系能够促进地方政府落实科学发展观，有 67.6%的官员认为绿色 GDP 可以作为地方政府的绩效考核指标。二是通过核算展示污染经济全景，了解经济增长的资源环境代价。通过实物量核算展示环境污染全景图，让政府找出环境污染的"主要制造者"和污染排放的"重灾区"，对未来环境污染治理重点、污染物总量控制和重点污染源监测体系建设给予确认；通过环境污染价值量核算衡量各行业和地区的虚拟治理成本，明确各部门和地区的环境污染治理缺口和环保投资需求。三是为制定环境政策提供依据。通过各部门和地区的虚拟治理成本核算得到不同污染物的治理费用，通过各地区的污染损失核算揭示经济发展造成的环境污染代价，对于开展环境污染费用效益分析、建立环境与经济综合决策支持系统具有积极的现实意义。核算的衍生成果可以为环境税收、生态补偿、区域发展定位、产业结构调整、产业污染控制政策制定以及公众环境权益的维护等提供科学依据。

正因为如此，绿色 GDP 的研究核算工作才更有坚持的必要。任何重大改革创新，倘若遇有这样那样执行的困难，就放弃正确的大方向而改弦更张，甚至削足适履，那么，整个经济社会发展非但不能进步，相反还会因为因循守旧而倒退。因此，我们不能以一种功利的态度对待绿色 GDP 核算，不能对绿色 GDP 核算的应用操之过急，更不能简单地认为绿色 GDP 考核就等同于体现科学发展观的政绩考核制度。为了更加科学起见，从 2007 年开始，环境经济核算课题组扩展了核算内容，把森林、草地、湿地和矿产开发等生态破坏损失的核算纳入环境经济核算体系，把环境主题下的狭义绿色 GDP 核算称为环境经济核算。2010 年，我们又探索社会经济系统的物质流核算，以测定直接物质投入的产出率。此后将开始陆续出版年度《中国环境经济核算研究报告》。同时，国家发改委与环境保护部、国家林业局等部门，从 2009 年开始着手建立中国资源环境统计指标体系。我们也开始探索环境绩效管理和评估制度，运用多种手段来评价国家和地方的社会经济与环境发展的可持续性。

（七）

绿色 GDP 核算是一项繁杂的系统工程，涉及国土资源、水利、林业、环境、海洋、农业、卫生、建设、统计等多个部门，部门之间的协调合作机制亟待建立。多个部门共同开展工作，合作得好，可以发挥各部门的优势；合作不好，难免相互掣肘，工作就难以开展，甚至阻碍这项工作的开展。环境核算需要环保部门与统计部门的合作，森林资源核算需要林业部门与统计部门的合作，矿产资源核算则需国土资源部门与统计部门合作。

绿色 GDP 是具有探索性和创新性的难事，需要统计部门对资源环境核算体系框架的把关，建立相应的核算制度和统计体系。因此，在推进中国的绿色 GDP 核算以及资源环境经济核算领域，统计部门是责无旁贷的"总设计师"。统计部门应在资源、环保部门的支持下，在现有 GDP 核算的基础上设立卫星账户，勇敢地在传统 GDP 上做"减法"，核算出传统发展模式和经济增长的资源环境代价，用资源环境核算去展示和衡量科学发展观的落实度。我们欣喜地看到，尽管国家统计部门对绿色 GDP 核算有不同的看法，但没有放弃建立资源环境核算体系的目标，一直致力于建立中国的资源环境经济核算体系。特别是最近几年，原国家统计局与国家林业局、水利部、原国土资源部联合开展了森林资源核算、水资源核算、矿产资源核算等项目，取得了一些资源部门核算的阶段性成果。目前，水利部门和林业部门已经分别完成了水资源和森林资源核算研究，取得了很好的核算成果。

中国资源环境核算体系制定工作也在进展之中。正如国家统计局原局长马建堂在一次"中国资源环境核算体系"专家咨询会议上指出的那样，国家统计局高度重视资源环境核算工作，认为建立资源环境核算是国家从以经济建设为中心转向科学发展的必然选择，统计部门要把资源环境核算作为统计部门学习实践科学发展观的切入点，把资源环境核算作为统计部门落实科学发展观的重要举措，把资源环境核算作为统计部门实践科学发展观的重要标尺，尽快出台中国资源环境核算体系和资源环境评价指标体系，逐步规范资源环境核算工作，把资源环境核算最终纳入地方党政领导科学发展的考核体系中。国家统计局马建堂局长还指出，建立资源环境核算体系是一项非常困难和艰巨的工作，是一项前无古人之事，是一项具有挑战性的工作，不能因为困难而不往前推，不能因为困难而不抓紧做，要边干边发现边试算，要试中搞、干中学。国家统计局根据"通行、开放"的原则，将中国资源环境核算体系与联合国的 SEEA 接轨，与政府部门的需求和国家科学发展观的需求接轨。建议国家统计局不仅组织牵头开展这项工作，必要时在统计部门的机构设置方面做出调整，以适应全面落实科学发展观和建立资源环境核算体系的需要。

（八）

绿色 GDP 核算研究是一项复杂的系统政策工程。在取得目前已有成果的过程中，许多官员和专家做出了积极的贡献。通常的做法是，出版这样一套"丛书"要邀请那些对该项研究做出贡献的官员和专家组成一个丛书指导委员会和顾问委员会。限于观点分歧、责任分担、操作程序等原因，我们不得不放弃这样一种传统的做法。但是，我们依然十分感谢这些官员和专家的贡献。在这些官员中，前国家统计局李德水局长、马建堂局长、许宪春副局长、彭志龙司长和现国家统计局宁吉喆局长对推动绿色 GDP 核算研究做出了积极的贡献。原环境保护部潘岳副部长是绿色 GDP 的倡议者，对传播绿色 GDP 理念和推动核算研究做出了独特的贡献。毫无疑问，没有这些政府部门领导的指导和支持，中国的绿色 GDP 核算研究就不可能取得目前的进展。正是由于国家统计局的不懈努力，中国的资源环境核算研究才得以继续前进。在此，我们要特别感谢生态环境部翟青副部长、赵英民副部长、庄国泰副部长、徐必久司长、别涛司长、邹首民司长、刘炳江司长、刘志全司长、尤艳馨巡视员、宋小智巡视员、夏光巡视员、李春红副巡视员、房志处长、贾金虎处长、赖晓东处长、陈默调研员、刘春艳调研员，原国家环保总局王玉庆副局长、张坤民副局长，原环境保护部周建副部长、万本太总工程师、杨朝飞总工程师、朱建平司长、刘启风巡视员、赵建中副巡视员，原环境保护部环境规划院洪亚雄院长、吴舜泽副院长，中国环境监测总站原站长魏山峰，原环境保护部外经办王新处长和谢永明高工等做出的贡献。我们要特别感谢国家统计局对绿色国民经济核算研究的有力支持，感谢文兼武司长、王益煊副司长、李锁强副总队长等对绿色国民经济核算项目的指导和支持。我们要特别感谢国家发改委、全国人大环境与资源委员会科技部、原国土资源部、原国家林业局、国家水利部等部门对绿色 GDP 核算项目的支持、关注和技术咨询。

我要特别感谢绿色 GDP 核算的研究小组，其中包括来自 10 个试点省市的研究人员。我们庆幸有这样一支跨部门、跨专业、跨思想的研究队伍，在前后近 4 年的时间开展了真实而富有效率的调查和研究。尽管我们有时也为核算技术问题争论得面红耳赤，但我们大家一起克服种种困难和压力，圆满完成了绿色 GDP 核算研究任务。我们要特别感谢参加绿色 GDP 核算试点研究的北京、天津、重庆、广东、浙江、安徽、四川、海南、辽宁、河北 10 个省市以及湖北省神农架林区的环保和统计部门的所有参加人员。他们与我们一样经历过欣喜、压力、辛酸和无奈。他们是中国开展绿色 GDP 核算研究的第一批勇敢的实践者和贡献者。尽管在此不能一一列出他们的名字，但正是他们出色的试点工作和创新贡献才使得中国的绿色 GDP 核算取得了这样丰富多彩的成果，为全国的绿色 GDP 核算提供了坚实的基础和技术方法的验证。

在绿色 GDP 核算研究项目过程中，始终有一批专家学者对绿色 GDP 核算研究给予高度的关注和支持，他们积极参与了核算体系框架、核算技术方法、核算研究报告等咨询、论证和指导工作，对我们的核算研究工作也给予了极大的鼓励。有些专家对绿色 GDP 核算提出了不同的、有益的、反对的意见，但正是这些不同意见使得我们更加认真谨慎和保持头脑清醒，更加客观科学地去看待绿色 GDP 核算问题。毫无疑问，这些专家对绿色 GDP 核算的贡献不亚于那些完全支持绿色 GDP 核算的专家所给予的贡献。这方面的专家主要有中国科学院牛文元教授、李文华院士和冯宗炜院士，中国环境科学研究院刘鸿亮院士和王文兴院士，原环境保护部金鉴明院士，中国环境监测总站魏复盛院士和景立新研究员，中国林业科学研究院王涛院士，中国社会科学院郑易生教授、齐建国研究员和潘家华教授，国务院发展研究中心周宏春研究员和林家彬研究员，中国海洋石油总公司邱晓华研究员，中国人民大学刘伟校长和马中教授，北京大学萧灼基教授、叶文虎教授、潘小川教授和张世秋教授，清华大学魏杰教授、齐晔教授和张天柱教授，国家宏观经济研究院曾澜研究员、张庆杰研究员和解三明研究员，中日友好环境保护中心任勇主任，能源基金会（美国）北京办事处邹骥总裁，中国农业科学院姜文来研究员，中国科学院王毅研究员和石敏俊研究员，北京林业大学张颖教授，中国环境科学研究院孙启宏研究员，中国林业科学研究院江泽慧教授、卢崎研究员和李智勇研究员，卫生部疾病预防控制中心白雪涛研究员，国家信息中心杜平研究员，国家林业和草原局戴广翠巡视员，中国水利水电科学研究院甘泓研究员和陈韶君研究员，中华经济研究院萧代基教授，同济大学褚大建教授和蒋大和教授，北京师范大学杨志峰院士和毛显强教授。在此，我们要特别感谢这些专家的智慧点拨、专业指导以及中肯的意见。

中国绿色 GDP 核算研究得到了国际社会的高度关注。世界银行、联合国统计署、联合国环境署、联合国亚太经社会、经济合作与发展组织、欧洲环境局、亚洲开发银行、美国未来资源研究所、世界资源研究所等都积极支持中国绿色 GDP 核算的工作，核算技术组与加拿大、德国、挪威、日本、韩国、菲律宾、印度、巴西等国家的统计部门和环境部门开展了很好的交流与合作。

原中国环境科学出版社的陈金华女士对本"丛书"的出版付出了很大的心血，精心组织"丛书"选题和编辑工作。同时，"丛书"的出版得到了原环境保护部环境规划院承担的国家"十五"科技攻关《中国绿色国民经济核算体系框架研究》课题、世界银行"建立中国绿色国民经济核算体系"项目以及财政部预算"中国环境经济核算与环境污染损失调查"等项目的资助。在此，对生态环境部环境规划院和中国环境出版集团的支持表示感谢。最后，对"丛书"中引用参考文献的所有作者表示感谢。

（九）

中国绿色 GDP 核算的研究和试点在规模和深度上是前所未有的。虽然许多国家在绿色核算领域已经做了不少工作，但是由于绿色核算在理论和技术上仍有不少问题没有解决，至今没有一个国家和地区建立了完整的绿色国民经济核算体系，只是个别国家和地区开展了案例性、局部性、阶段性的研究。本套"丛书"是中国绿色 GDP 核算项目理论方法和试点实践的总结，无论是在绿色核算的技术方法上，还是指导绿色核算的实际操作上在国内都填补了空白，在国际层面上也具有一定的参考价值。

然而，我们必须清醒地认识到，绿色国民经济核算体系是一个十分复杂而崭新的系统工程，目前我们取得的成绩仅是绿色核算"万里长征"的第一步，在理论上、方法上和制度上还存在许多不足和难点需要我们去不断攻克。我们必须充分认识建立绿色国民经济核算体系的难度，科学严谨、脚踏实地、坚持不懈地去研究建立环境经济核算的核算体系和制度，最终为全面落实和贯彻科学发展观提供环境经济评价工具，为建立世界的绿色国民经济核算体系做出中国的贡献。

为了使得本套"丛书"更加科学、客观、独立地反映绿色 GDP 核算研究成果，"丛书"编辑时没有要求每册的选题目标、概念术语、技术方法保持完全的一致性，而是允许"丛书"各册具有相对独立性和相对可读性。近几年来，我们把环境经济核算的最新研究成果陆续加入"丛书"中，让更多的人了解并加入探索中国环境经济核算的队伍中。由于时间限制和水平有限，"丛书"难免有各种错误或不当之处，我们欢迎读者与我们联系（邮箱 wangjn@caep.org.cn），提出批评、给予指正。我们期望与大家一起以一种科学和宽容的态度去对待绿色 GDP 核算，与大家一起继续探索中国的绿色 GDP 核算体系。我们也相信，随着生态文明和美丽中国建设的推进，绿色 GDP 核算正在成为一个科学发展观的有效评价体系。

王金南

首记于 2009 年 2 月 1 日，再记于 2019 年 2 月 1 日

前言

　　GDP 是考察宏观经济的重要指标，是对一国总体经济运行表现做出的概括性衡量。但现行的国民经济核算体系有一定的局限性，一是它不能反映经济增长的全部社会成本；二是不能反映经济增长的方式以及增长方式的适宜程度和为此付出的代价；三是不能反映经济增长的效率、效益和质量；四是不能反映社会财富的总积累，以及社会福利的变化；五是不能有效衡量社会分配和社会公正。

　　为此，国际上从 20 世纪 70 年代开始研究建立绿色国民经济核算（简称绿色 GDP 核算）体系，它在传统的 GDP 核算体系中扣除自然资源耗减成本和环境退化成本，以期更加真实地衡量经济发展成果和国民经济福利。在挪威、美国、荷兰、德国开展自然资源核算、环境污染损失成本核算、环境污染实物量核算、环境保护投入产出核算工作的基础上，联合国统计署（UNSD）于 1989 年、1993 年、2003 年和 2013 年先后发布并修订了《综合环境与经济核算体系》（SEEA），为建立绿色国民经济核算总量、自然资源和污染账户提供了基本框架。欧洲议会于 2011 年 6 月初通过了"超越 GDP"决议以及一项作为重要解决手段的欧洲环境问题新法规——环境经济核算法规，象征着欧盟在使用包括 GDP 在内的多元指标衡量问题方面成功迈进了一步。欧盟、欧洲议会、罗马俱乐部、经合组织和世界自然基金会组织的超越 GDP 会议，来自 50 个国家的 650 个代表参加会议，对提高真实财富和国家福利的测算方法和实施进程进行了重点讨论，会议在 Nature 杂志上进行了专题报道。

　　为定量反映中国经济发展的资源环境代价，以生态环境部环境规划院为代表的技术组已经完成了 2004—2014 年共 11 年的中国环境经济核算研究报告，核算内容基本遵循联合国发布的 SEEA 体系。根据 SEEA，完整的绿色国民经济核算体系包括资源耗减成本核算和环境退化成本核算两部分。考虑到我国开展环境经济核算的现实，本书仅指环境退化成本的核算，包括环境污染损失核算和生态破坏损失核算两部分。环境污染损失核算包括环境污染实物量和价值量核算，价值量核算采用治理成本法和污染损失法分别得到环境污染虚拟治理成本和环境退化成本，生态破坏损失仅包括森林、湿地、草地和矿产开发造成的地下水破坏和地质塌陷等的生态破坏经济损失，耕地和海洋生态系统由于基础数据缺乏，没有核算在内。物质流核算根据国际上通用的物质流核算方法学框架，对全国经济系统输入输出物质流进行了测算。

2013 年和 2014 年核算结果显示，我国经济发展造成的环境污染代价持续增加。2013 年基于退化成本的环境污染代价为 15 794.5 亿元，生态环境退化成本共计 20 547.9 亿元，占 GDP 比重为 3.3%。2014 年基于退化成本的环境污染代价为 18 218.8 亿元，生态环境退化成本共计 22 975.0 亿元，占 GDP 比重为 3.4%。大气污染造成的人体健康损失是大气环境退化成本的重要组成部分，2013 年和 2014 年大气污染造成的城市居民健康损失占总大气环境退化成本的比例分别为 74% 和 73%。污染型缺水是水污染环境退化成本的重要组成部分，2013 年和 2014 年污染型缺水占总水环境退化成本的比例分别为 61.5% 和 66%。

我国生态环境退化成本空间分布不均，生态破坏损失主要分布在西部地区，环境退化成本主要分布在东部地区。2013 年，东部、中部、西部 3 个地区的生态环境损失占总生态环境损失的比重大约在 45%、25%、30%。2014 年，东部、中部、西部 3 个地区的生态环境损失占总生态环境损失的比重分别为 44.3%、26.3%、29.4%。总体上，我国西部地区的 GDP 生态环境退化指数远高于中部地区和东部地区。

资源利用方面，自 2012 年开始，我国单位 GDP 物质消耗首次出现下降，资源使用效率初步得到提升。2012 年，本地物质投入和本地物质消耗分别为 131.34 亿 t 和 117.72 亿 t，比上年下降 6.17% 和 6.18%。2013 年的物质投入和物质消耗分别为 130.7 亿 t 和 117.7 亿 t，比上年略有下降。以单位资源消耗的 GDP 作为资源产出效率，结果显示，虽然我的资源产出率在逐年提高，由 2000 年的 1 750 元/t 上升到 2013 年的 2 924 元/t，增加了 67.1%。但与欧盟等发达国家相比，我国资源产出率相对较低，比欧盟主要发达国家的资源产出效率低 10 倍左右。

截至 2014 年，我们已初步形成绿色国民经济年度核算报告制度，环境经济核算报告从区域比较、行业比较等多个角度和层面对环境污染实物量账户、环境质量账户、环境污染价值量账户、生态破坏损失价值量账户、GDP 扣减指数、物质流账户、碳排放账户、污染物减排账户的核算结果进行比较，开展经济增长与资源消耗、污染排放的协调性分析，为国家和地区中期产业结构调整、污染减排、风险防范政策的制定提供数据和技术支持。

本书由十八章组成，全书由马国霞、於方讨论拟定结构框架，分别由相关执笔者承担相应章节的编写。具体编写分工如下：马国霞负责第七章、第九章、第十六章和第十八章；彭菲负责第一章、第二章、第十章、第十一章、第十五章；於方负责第六章、第八章、第十七章；杨威杉负责第三章、第四章、第十二章、第十三章；吴琼负责第五章和第十四章。本书得到国家重点研发计划重点专项（No.2016YFC0208800）资助。

目 录

第一部分 中国环境经济核算研究报告 2013

第 1 章 引言 3

第 2 章 污染物排放与碳排放账户 6
　2.1 水污染排放 7
　2.2 大气污染排放 11
　2.3 固体废物排放 16
　2.4 碳排放 19

第 3 章 环境质量账户 22
　3.1 环境质量 22
　3.2 水环境 23
　3.3 大气环境 28
　3.4 声环境 31

第 4 章 物质流核算账户 33
　4.1 研究背景 33
　4.2 核算结果 34

第 5 章 环境保护支出账户 39
　5.1 环境保护支出 39
　5.2 环境污染治理投资和运行费用 40

第 6 章　GDP 污染扣减指数核算账户 43
　　6.1　治理成本核算 43
　　6.2　GDP 污染扣减指数 48

第 7 章　环境退化成本核算账户 52
　　7.1　水环境退化成本 52
　　7.2　大气环境退化成本 54
　　7.3　固体废物侵占土地退化成本 56
　　7.4　总环境退化成本 57

第 8 章　生态破坏损失核算账户 59
　　8.1　森林生态破坏损失 60
　　8.2　湿地生态破坏损失 62
　　8.3　草地生态破坏损失 63
　　8.4　矿产开发生态破坏损失 66
　　8.5　总生态破坏损失 67

第 9 章　环境经济核算综合分析 69
　　9.1　我国处于经济增长与环境成本同步上升阶段 69
　　9.2　2013 年我国生态环境退化成本占 GDP 比重为 3.3%，
　　　　 比 2012 年有所上升 71
　　9.3　生态环境退化成本空间分布不均，生态破坏损失
　　　　 主要分布在西部地区，环境退化成本主要分布在东部地区
　　　　 72
　　9.4　2013 年灰霾污染严重，大气污染导致的健康损失增加，
　　　　 造成 52 万人过早死亡 74
　　9.5　污染物排放量下降与环境质量改善脱节 75
　　9.6　单位 GDP 物质消耗首次出现下降，资源使用效率
　　　　 初步得到提升 76

第二部分 中国环境经济核算研究报告 2014

第 10 章 引言 81

第 11 章 污染物排放与碳排放账户 84
　11.1 水污染排放 85
　11.2 大气污染排放 89
　11.3 固体废物排放 94
　11.4 碳排放 97

第 12 章 环境质量账户 100
　12.1 环境质量 100
　12.2 地表水环境 101
　12.3 大气环境 107
　12.4 声环境 111

第 13 章 物质流核算账户 113
　13.1 方法与数据 113
　13.2 核算结果 115

第 14 章 环境保护支出账户 119
　14.1 环境保护支出 119
　14.2 环境污染治理投资和运行费用 120

第 15 章 GDP 污染扣减指数核算账户 123
　15.1 治理成本核算 123
　15.2 GDP 污染扣减指数 128

第 16 章 环境退化成本核算账户 132
　16.1 水环境退化成本 132
　16.2 大气环境退化成本 134
　16.3 固体废物侵占土地退化成本 137
　16.4 总环境退化成本 137

第 17 章　生态破坏损失核算账户 140

　17.1　森林生态破坏损失 141

　17.2　湿地生态破坏损失 143

　17.3　草地生态破坏损失 145

　17.4　矿产开发生态破坏损失 147

　17.5　总生态破坏损失 148

第 18 章　环境经济核算综合分析 150

　18.1　我国处于经济增长与环境成本同步上升阶段 150

　18.2　2014 年我国生态环境退化成本占 GDP 比重为 3.4%，
　　　　比 2013 年有所上升 151

　18.3　生态环境退化成本空间分布不均，生态破坏损失
　　　　主要分布在西部地区，环境退化成本主要分布在
　　　　东部地区 153

　18.4　从时间序列变化看，西部地区环境退化成本增速快，
　　　　多数省份的退化成本排序基本稳定 155

　18.5　大气环境质量有所改善，在高速城镇化背景下，
　　　　大气污染导致的城市健康损失呈增加趋势 157

　18.6　我国经济增长的物质投入和物质消耗增速快，
　　　　资源投入产出效率低 158

附录 160

　附录 1　2004—2014 年核算结果比较 160

　附录 2　2013 年各地区核算结果 162

　附录 3　2014 年各地区核算结果 163

　附录 4　相关概念 164

致　谢 165

第一部分
中国环境经济核算研究报告
2013

广西龙胜（陈金华　摄影）

第 1 章
引言

GDP 是考察宏观经济的重要指标，是对一国总体经济运行表现做出的概括性衡量。但现行的国民经济核算体系有一定的局限性：①不能反映经济增长的全部社会成本；②不能反映经济增长的方式以及增长方式的适宜程度和为此付出的代价；③不能反映经济增长的效率、效益和质量；④不能反映社会财富的总积累，以及社会福利的变化；⑤不能有效衡量社会分配和社会公正。

为此，国际上从 20 世纪 70 年代开始研究建立绿色国民经济核算体系，它在传统的 GDP 核算体系中扣除自然资源耗减成本和环境退化成本，以期更加真实地衡量经济发展成果和国民经济福利。在挪威、美国、荷兰、德国开展自然资源核算、环境污染损失成本核算、环境污染实物量核算、环境保护投入产出核算工作的基础上，联合国统计署（UNSD）于 1989 年、1993 年、2003 年和 2013 年先后发布并修订了《综合环境与经济核算体系（SEEA）》，为建立绿色国民经济核算总量、自然资源和污染账户提供了基本框架。欧洲议会于 2011 年 6 月初通过了"超越 GDP"决议以及一项作为重要解决手段的欧洲环境问题新法规——环境经济核算法规，象征着欧盟在使用包括 GDP 在内的多元指标衡量问题方面成功迈进了一步。欧盟、欧洲议会、罗马俱乐部、经合组织和世界自然基金会组织的超越 GDP 会议，有来自 50 个国家的 650 个代表参加，对提高真实财富和国家福利的测算方法和实施进程进行了重点讨论，会议在 Nature 杂志上进行了专题报道。

在我国，自党的十八大提出把资源消耗、环境损害、生态效益等指标纳入经济社会发展评价体系后，2015 年 1 月实施的新《环境保护法》也要求地方政府对辖区环境质量负责，建立资源环境承载力监测预警机制，实行环保目标责任制和考核评价制度，绿色 GDP 核算再次引起了社会各界的高度关注。2015 年，环境保护部启动了绿色 GDP 2.0 工作，加强了环境经济核算工作，在绿色 GDP 1.0 的基础上，新增了以环境容量核算为基础的环境承载力研究，开展环境绩效评估，进行经济绿色转型政策研究，探索环境资产核算与应用长效机制，核算经济社会发展的环境成本代价。

以环境保护部环境规划院为代表的技术组已经完成了 2004—2013 年共 10 年的全国环境经济核算研究报告①，核算内容基本遵循联合国发布的 SEEA 体系，但不包括自然资源耗减成本的核算。10 年的核算结果表明，我国经济发展造成的环境污染代价持续增长，环境污染治理和生态破坏压力日益增大，10 年间基于退化成本的环境污染代价从 5 118.2 亿元提高到 15 794.5 亿元，增长了 209%，年均增长 16.9%。虚拟治理成本从 2 874.4 亿元提高到 6 973.3 亿元，增长了 142.6%。2013 年环境退化成本和生态破坏损失成本合计 20 547.9 亿元，较上年增加 13.5%，约占当年 GDP 的 3.3%。

在环境经济核算账户中，为了充分保证核算结果的科学性，在核算方法上不够成熟以及基础数据不具备的环境污染损失和生态破坏损失项，没有计算在内，目前的核算结果是不完整的环境污染和生态破坏损失代价。本研究报告中的环境污染损失核算，包括环境污染实物量和价值量核算，价值量核算采用治理成本法和污染损失法计算环境污染虚拟治理成本和环境退化成本。其中，环境退化成本存在核算范围不全面、核算结果偏低的问题。生态破坏损失仅包括森林、湿地、草地和矿产开发造成的地下水破坏和地质塌陷等的生态破坏经济损失，耕地和海洋生态系统没有核算，已核算出的损失也未涵盖所有应计算的生态服务功能。

目前，基于环境污染的绿色国民经济年度核算报告制度已初步形成。2013 年核算报告重点对 2013 年和 2006—2013 年的中国环境经济核算结果做了系统全面的总结和分析，共由 9 章组成，第 1 章为引言；第 2 章为污染物排放与碳排放账户；第 3 章为环境质量账户；第 4 章为物质流核算账户；第 5 章为环境保护支出账户；第 6 章为 GDP 污染扣减指数核算账户；第 7 章为环境退化成本核算账户；第 8 章为生态破坏损失核算账户；第 9 章为环境经济核算综合分析。

---

① 鉴于目前开展的核算与完整的绿色国民经济核算还有差距，从 2005 年起这项研究从最初的"绿色国民经济核算研究"更名为"环境经济核算研究"，研究报告名称也调整为《中国环境经济核算研究报告》，即绿色 GDP 1.0 的研究报告，本报告也是绿色 GDP 2.0 的主要内容之一。

专栏 1.1　2013 年环境经济核算数据来源

2013 年环境经济核算以环境统计和其他相关统计为依据，就 2013 年全国 31 个省份和各产业部门的水污染、大气污染和固体废物污染的实物量和虚拟治理成本进行了全面核算，得出了经环境污染调整的 GDP 核算结果以及全国 30 个省份（未包括西藏）的环境退化成本、生态破坏损失及其占 GDP 的比例。报告基础数据来源包括《中国统计年鉴 2014》《中国环境统计年报 2013》《中国城乡建设统计年鉴 2013》《中国卫生统计年鉴 2014》《中国乡镇企业年鉴 2014》《2008 中国卫生服务调查研究——第四次家庭健康询问调查分析报告》《中国环境状况公报 2013》以及 30 个省份的 2014 年度统计年鉴，环境质量数据和环境统计基表数据由中国环境监测总站提供。

生态破坏损失核算基础数据主要来源于全国第 7 次（2004—2008 年）和第 6 次（1999—2003 年）森林资源清查、全国湿地资源调查（1995—2003 年）、全国矿山地质环境调查（2002—2007 年）、全国第三次荒漠化调查（2004—2005 年）、全国 674 个气象站点数据、中国农业科学院 MODIS/NDVI 遥感数据、《中国土壤志》、美国 NASA 网站数字高程数据、全国草原监测报告、国家价格监测中心、芝加哥温室气体交易所碳排放交易价格、市场调查以及相关研究数据。

第2章
污染物排放与碳排放账户

实物量核算账户的构建是环境经济核算的第一步。本章实物量核算账户主要包括水污染、大气污染、固体废物以及碳排放4个子账户。

2013 年废水排放量为 929.5 亿 t，较上年增加了 0.5%；COD 排放量为 2 329.9 万 t，较上年降低了 3.1%。2013 年 SO_2 排放量为 2 043.7 万 t，较上年减少了 3.5%；NO_x 排放量为 2 226.6 万 t，较上年下降了 4.7%。2013 年一般工业固体废物排放量 129 万 t，比上年减少 8.5%。

专栏 2.1　环境污染实物量核算

2011 年以前的环境经济核算报告，环境污染实物量核算以环境统计为基础，核算全口径的主要污染物产生量、削减量和排放量。但 2011 年以来，环境统计扩大了核算范围，开展了农业面源污染统计和交通源污染统计，因此，环境经济核算报告中的环境污染实物量数据不再进行核算，与环境统计保持一致。2011 年之后的核算实物量数据与以前数据在趋势和范围上有所变化，主要原因包括：

(1) 2011 年之前，交通源产生的 NO_x 排放量数据基于《中国环境经济核算技术指南》中的核算方法得出，2011 年之后，环境统计开始对交通源 NO_x 排放量进行统计，但年报中 NO_x 排放量数据较之前核算结果大，造成 2011 年以后 NO_x 的实物量数据增幅较大。

(2) 2011 年之前，农业源的污染物实物量数据基于《中国环境经济核算技术指南》中的农业源污染物核算方法得出。现采用环境统计中农业源污染物排放量数据。

（3）2011 年之前，在水污染物实物量核算中，核算报告核算了农村生活的各种水污染实物量数据，2011 年以后，农村生活的水污染实物量数据不再核算，水污染实物量数据与环境统计保持一致。

碳排放账户基于能源消费量与 IPCC 提供的碳排放因子与中国能源品种低位发热量数据核算获得；环境质量和环保投入账户采用国家环境统计和环境质量监测数据。

2.1　水污染排放[①]

2.1.1　水污染排放量

（1）2013 年我国废水排放量略有增加。2013 年废水排放量为 929.5 亿 t，2012 年为 925.0 亿 t，较上年增加 0.5%。

（2）COD 排放总量呈降低趋势。2013 年 COD 排放量为 2 329.9 万 t，2012 年 COD 排放量为 2 405.0 万 t，比 2012 年减少 3.1%。其中农业 COD 排放量为 1 120.7 万 t，较 2012 年减少 2.9%；工业 COD 排放量为 319.5 万 t，较上年减少 5.6%；生活源 COD 排放量为 889.8 万 t，较上年减少 2.5%（图 2-1）。"十二五"期间，COD 排放总量呈降低趋势。

图 2-1　废水和 COD 排放量

---

①本节数据主要来源于环境统计年报。

（3）农业是 COD 排放的主要来源。2013 年，农业源 COD 排放量占总 COD 排放量的 48%，生活源占 38%，工业源占 14%（图 2-2）。

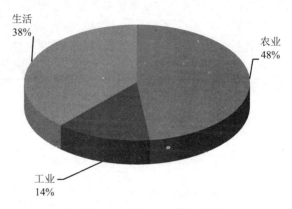

图 2-2　2013 年 COD 排放来源

（4）氨氮排放量呈降低趋势。2013 年氨氮排放量为 243.6 万 t，2012 年为 251.7 万 t，较上年减少 3.2%。

2.1.2　水污染排放绩效

（1）根据核算，工业行业 COD 去除率较上年略有下降。2006—2012 年，工业行业 COD 平均去除率逐年上升；2013 年工业行业 COD 去除率为 85.6%，较上年下降了 0.5 个百分点。

（2）COD 排放大户食品加工业 COD 去除率仍低于全国平均水平。造纸、食品加工、化工、纺织以及饮料制造业是工业 COD 排放量最大的 5 个行业，其 COD 排放量之和占工业 COD 总排放量的 63.1%。2013 年，这 5 个行业的污染物去除率分别为 88.6%、77.6%、85.3%、84.9% 和 91.2%。食品加工业 COD 去除率低于全国平均水平 8 个百分点，有较大的提升空间（图 2-3）。

（3）单位工业增加值的 COD 产生量和排放量都呈下降趋势。单位工业增加值的 COD 产生量和排放量从 2006 年的 18.3 kg/万元和 7.3 kg/万元下降到 2013 年的 8.9 kg/万元和 1.3 kg/万元，工业废水的排放绩效显著提高。

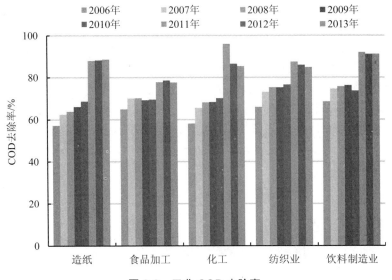

图 2-3　工业 COD 去除率

（4）广东省的废水 COD 去除率较低。从空间格局角度分析，山东、广东、黑龙江、河南、河北是我国工业和城镇生活 COD 排放量最大的前 5 个省份，其 COD 排放量占总排放量的 32.9%，COD 去除率分别为 83.9%、69.6%、81.6%、83.5% 和 83.2%。其中，仅广东的工业和城镇生活 COD 去除率低于全国平均水平。新疆、山东、北京、河南、河北五省的工业和城镇生活 COD 去除率相对较高，都高于 83%；仅西藏的工业和城镇生活 COD 去除率低于 60%（图 2-4）。

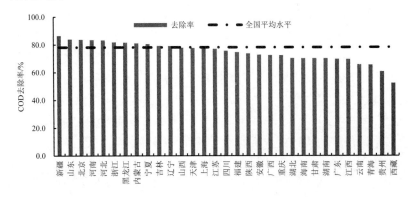

图 2-4　2013 年 31 个省份的 COD 去除率

（5）黑龙江、宁夏、新疆的单位 GDP 的 COD 排放量大。2013 年全国单位 GDP 的 COD 排放量为 37.0 t/万元。31 个省份中，黑龙江、宁夏、新疆是单位 GDP 的 COD 排放量最大的 3 个省份，分别为 100.5 t/万元、86.2 t/万元和 73.8 t/万元；北京、上海、天津 3 个直辖市的单位 GDP 的 COD 排放量最低，其中，北京万元 GDP 的 COD 排放量仅为 8.8 t。在 COD 排放量最大的 5 个省份中，黑龙江省单位 GDP 的 COD 排放量最高。从绩效的角度出发，控制黑龙江等地区的 COD 排放量有利于提高全国 COD 污染排放控制绩效的整体水平（图 2-5）。

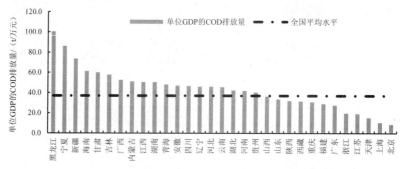

图 2-5　2013 年 31 个省份的单位 GDP 的 COD 排放量

（6）城市污水处理能力有所提高，但仍存在较大提升空间。截至 2013 年年底，全国累计建成污水处理厂由 2006 年的 939 座增加到 5 364 座；总处理能力从 2006 年的 0.64 亿 m³/d 上升至 1.66 亿 m³/d，日处理能力提高了 1.6 倍。2013 年全国城市生活污水处理总量为 381.9 亿 t，城市生活污水排放量为 485.1 亿 t，处理量占排放量的 78.7%，仍有 21.3% 的城市生活污水未经处理排入外环境。

（7）河北、黑龙江、新疆、山西、宁夏等地区的城市生活污水处理能力亟待提高。天津、上海、福建、江西等 7 个地区城市生活污水处理均达到二级以上；黑龙江、新疆、山西等地城市生活污水二、三级处理所占比例不足 70%，还需要进一步提升；河北城市生活污水处理水平最低，二级以上生活污水处理比例不足 50%（图 2-6）。

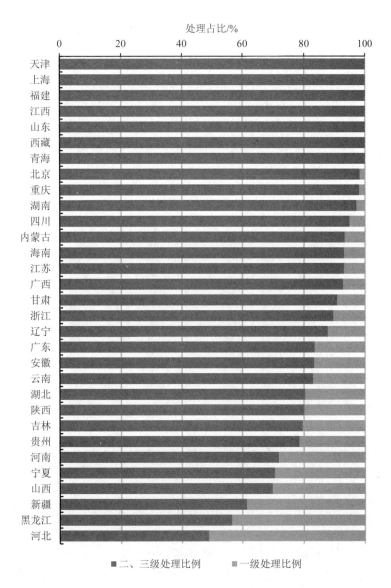

图 2-6　31 个省份城镇污水处理能力

2.2　大气污染排放

　　"十二五"期间，国家对 SO_2 和 NO_x 两项主要大气污染物实施国家总量控制和减排。2013 年我国大气污染物的排放量得到有效控制，SO_2、NO_x 等污染物排放量都呈下降趋势。

11

2.2.1 大气污染排放量

（1）2013 年全国 SO_2 排放量较 2012 年下降了 3.5%。2013 年 SO_2 排放量为 2 043.7 万 t，2012 年 SO_2 排放量为 2 117.4 万 t（图 2-7）。

（2）2013 年，NO_x 排放量较上年下降 4.7%，NO_x 总量减排工作初见成效。2013 年 NO_x 排放量 2 226.6 万 t，2012 年排放量 2 337.4 万 t。"十二五"时期以来，总量减排工作持续推进，随着工业行业脱硝设施改造及技术的完善，NO_x 排放得到了初步控制（图 2-7）。

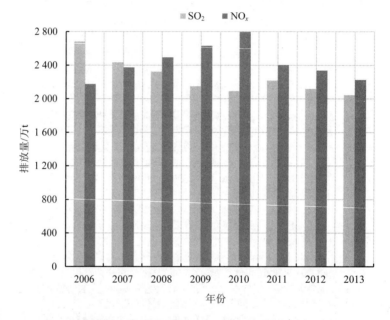

图 2-7　2006—2013 年大气污染物排放量

（3）SO_2 排放主要来源于工业行业。2013 年，工业 SO_2 排放量占总 SO_2 排放量的 90.3%；农业 SO_2 排放量占总 SO_2 排放量的 5.4%；其余 4.3% 的 SO_2 排放来自于生活源。

（4）电力、黑色冶金、非金属矿制品业、化工、有色冶金、石化等行业是工业 SO_2 排放的主要行业，这六大行业的排放量之和占工业 SO_2 总排放量的 87.3%，其中，电力行业是 SO_2 排放最大的行业，占工业 SO_2 总排放量的 42.4%（图 2-8）。

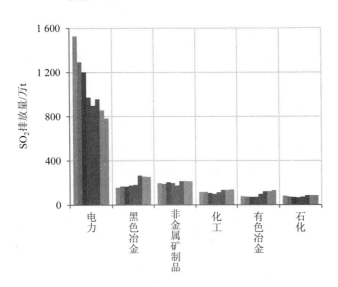

图 2-8　2006—2013 年主要 SO$_2$ 排放行业

2.2.2　大气污染排放绩效

（1）工业 SO$_2$ 去除率略有上升，41 个工业行业中 7 个行业 SO$_2$ 去除率超过 50%。2013 年，我国工业 SO$_2$ 去除率为 71.0%，2012 年为 67.8%，工业 SO$_2$ 去除率略有上升。

（2）六大主要污染行业中，电力行业和有色冶金行业 SO$_2$ 去除率高于工业行业平均水平。电力、黑色冶金、非金属矿制品、化工、有色冶金和石化行业是 SO$_2$ 主要排放源，其中，电力行业 SO$_2$ 去除率 77.4%，有色冶金业 SO$_2$ 去除率 89.0%。化工行业 SO$_2$ 去除率首次突破 65%，较 2012 年增加了 18.5 个百分点（图 2-9）。

（3）黑色冶金和非金属矿制品业的废气治理水平亟待提高。黑色冶金和非金属矿制品业 SO$_2$ 排放量之和占工业 SO$_2$ 总排放量的 25.5%，两行业 SO$_2$ 去除率低于 30%；同时，这两个行业的 NO$_x$ 排放占工业 NO$_x$ 排放量的 25.3%，NO$_x$ 去除率都低于 10%，从提高工业废气污染物减排绩效的角度看，提高这两个行业的 SO$_2$ 和 NO$_x$ 去除率对于工业行业废气污染物减排具有重要意义。

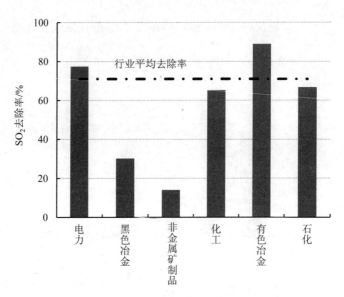

图 2-9　2013 年主要大气污染行业 SO$_2$ 去除率

（4）我国工业行业 NO$_x$ 去除率有所上升，但仍维持在较低水平，2013 年去除率为 18.9%，2012 年为 7.5%。除电力行业 NO$_x$ 去除率达到 24.7%外，非金属矿制品、黑色冶金、化工、石化等 NO$_x$ 排放大户，其 NO$_x$ 去除率都低于 10%（图 2-10）。

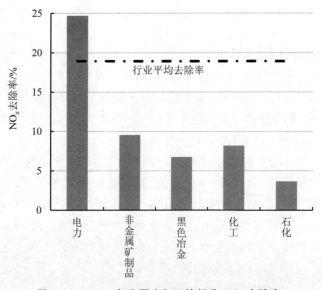

图 2-10　2013 年主要大气污染行业 NO$_x$ 去除率

（5）我国 NO_x 排放量已超过 SO_2 排放量，NO_x 污染治理形势严峻。2013 年 NO_x 的排放量为 2 226.6 万 t，超过 SO_2 排放量 183 万 t；而 NO_x 的削减水平（15.3%）远低于 SO_2 的削减水平（71.0%）。"十二五"期间我国大气污染治理，尤其是 NO_x 的治理形势仍然十分严峻。

（6）山东、内蒙古、河北、山西、河南是我国 SO_2 排放量最大的前 5 个省份，其 SO_2 排放量占总排放量的 33.3%，SO_2 去除率分别为 74.3%、71.3%、66.3%、69.8%和 64.1%。除山东、内蒙古外，其他 3 个省份的 SO_2 去除率都低于全国平均水平（71.0%）。SO_2 去除率较高的省份是西藏、天津、北京、安徽、甘肃，去除率都高于 80%；去除率低的省份有青海、黑龙江和吉林，其去除率都小于 60%，其中青海只有 45.6%。2013 年全国 SO_2 去除率低于 60%的省份较 2012 年明显减少，各省 SO_2 减排工作初见成效（图 2-11）。

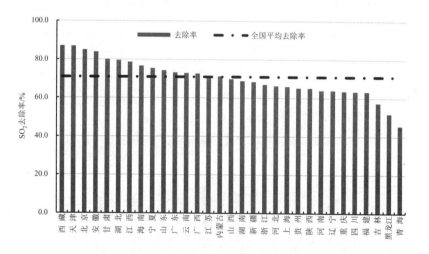

图 2-11　2013 年 31 个省份 SO_2 去除率

（7）宁夏、贵州、山西、新疆、甘肃的单位 GDP 的 SO_2 排放量最大。2013 年全国单位 GDP 的 SO_2 排放量为 3.2 kg/万元，宁夏、贵州、山西、新疆和甘肃单位 GDP 的 SO_2 排放量分别为 15.2 kg/万元、12.3 kg/万元、10.0 kg/万元、9.9 kg/万元和 9.0 kg/万元；北京、西藏、上海、海南、广东、天津等的单位 GDP 的 SO_2 排放量较低，都在 1.5 kg/万元以下，其中，北京单位 GDP 的 SO_2 排放量最低，仅为 0.4 kg/万元。从绩效的角度出发，控制山西等地区的 SO_2 排放有利于提高 SO_2 污染排放控制绩效的整体水平（图 2-12）。

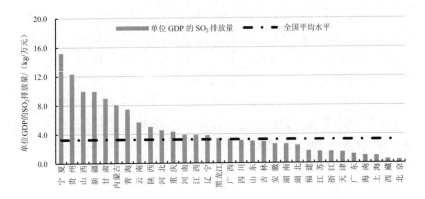

图 2-12　2013 年 31 个省份的单位 GDP 的 SO_2 排放量

2.3　固体废物排放

随着工业发展以及城镇人口和生活水平的提高，我国固体废物产生量呈逐年增加趋势。2013 年我国工业固体废物产生量为 32.8 亿 t，较 2006 年增加了 1.2 倍，一般工业固体废物的综合利用量、贮存量、处置量分别为 20.6 亿 t、8.3 亿 t 和 4.3 亿 t[①]，占比分别为 62%、25% 和 13.0%，固体废物排放量为 0.13 亿 t（图 2-13）。

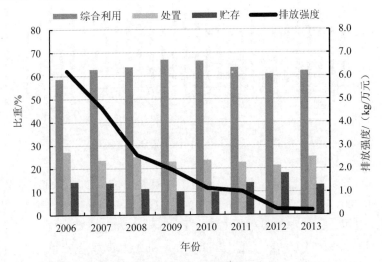

图 2-13　一般工业固体废物不同处理方式比重和排放强度

---

① 当年一般工业固体废物的综合利用量、贮存量、处置量包括利用、贮存和处置上年的量，因此，三项合计大于当年一般工业固体废物产生量。

2.3.1　固体废物排放绩效

（1）2013 年工业固体废物产生量较上年略有下降。2012 年，我国工业固体废物产生量较 2006 年增加了 117.1%；2013 年工业固体废物产生量为 32.8 亿 t，较上年下降了 0.1 亿 t。

（2）工业固体废物的排放量呈逐年下降趋势。一般工业固体废物排放量从 2006 年的 1 302.1 万 t 下降到 2013 年的 129 万 t，较 2006 年降低了 90.1%。自 2008 年我国危险废物实现了零排放。

（3）工业固体废物产生强度和排放强度都呈下降趋势。其中，单位 GDP 的工业固体废物产生量从 2006 年的 716.1 kg/万元下降到 2013 年的 525.2 kg/万元，排放强度从 2006 年的 6.2 kg/万元下降到 2013 年的 0.2 kg/万元。物耗强度有大幅降低，生产环节的资源利用率得到有效提高。

（4）黑色采选、有色采选、非金矿采选和煤炭采选是工业固体废物排放的主要行业，其固体废物排放量占总排放量的 76.3%，是提高工业固体废物综合利用水平的关键行业。

（5）城镇生活垃圾产生量逐年上升。城镇生活垃圾产生量由 2006 年的 1.9 亿 t 上升到 2013 年的 2.4 亿 t，年均增速为 3.3%，低于人口的年均增速 1 个百分点。

（6）城镇生活垃圾排放量年际变化明显，人均生活垃圾排放量较上年增加了 13.8%。2006 年生活垃圾排放量为 7 859.2 万 t，2013 年增加到 8 245.6 万 t。人均生活垃圾排放量经历由 2006 年的 134.8 kg/人下降到 2012 年的 98.6 kg/人过程之后，2013 年人均生活垃圾排放量增加为 112.2 kg/人，较 2012 年增长了 13.8%。

2.3.2　固体废物综合处置情况

（1）综合利用是工业固体废物最主要的处理方式。一般工业固体废物的综合利用量从 2006 年的 9.26 亿 t 增加到 2013 年的 20.6 亿 t，2012 年工业固体废物综合利用率为 60.8%，2013 年为 62.1%。

（2）危险废物综合利用率下降。危险废物的综合利用率在 2010 年为 61.6%，后出现回落，2013 年危险废物综合利用率为 53.8%（图 2-14）。

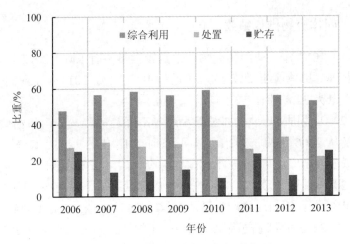

图 2-14　危险废物不同处理方式比重

（3）城镇生活垃圾的无害化处理率提高，简易处理的比例显著下降。2013 年生活垃圾处理率为 65.1%，其中简易处理的比例为零。生活垃圾无害化处理率显著提高，从 2006 年的 41.8% 上升到 2013 年的 65.1%（图 2-15）。

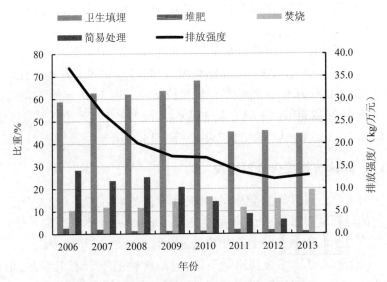

图 2-15　生活垃圾不同处理方式比重和排放强度

（4）卫生填埋是目前我国生活垃圾的主要处理方式。我国城镇生活垃圾处理主要采用填埋、焚烧和堆肥等方法。2007 年以来，卫生填埋占生活垃圾处理量的比重保持在 60%以上。垃圾焚烧处理比例占生活垃圾总处理量比例逐年上升。不同垃圾处理方法对垃圾的成分要求不同,目前我国高水平垃圾处理能力较小、处理设施技术水平较低。

(5)卫生填埋的有机物可能会发生厌氧分解,释放甲烷等温室气体;卫生填埋产生的渗滤液也有可能对地下水造成污染。加强生活垃圾卫生填埋场所的监测监管对于严防垃圾填埋对地下水的污染和温室气体排放具有积极意义。

(6)强化生活垃圾分类处理,提高垃圾处理的针对性。2000—2004年,我国开始在北京、上海等主要城市开展垃圾分类投放和处理的试点工作,随着各项宣传教育活动的开展,居民垃圾分类回收意识有所加强,但整体形势仍不容乐观。人工分类运输操作成本过高,垃圾处理技术落后,回收技术及管理水平远远落后于管理需求。

2.4　碳排放

全球气候变化已成为不争的事实。政府间气候变化专门委员会(IPCC)第四次评估报告明确提出全球气温变暖有 90%的可能是由于人类活动排放温室气体形成增温效应导致。20 世纪以来,世界碳排放量呈逐年增长趋势。

2.4.1　全球碳排放

根据欧盟 PBL NEAA 环境评估机构统计结果[1],2013 年全世界 CO_2 排放量为 352 亿 t,较 2011 年 CO_2 排放量(340 亿 t)增长了 3.7%,是 2006 年排放量的 1.16 倍(图 2-16)。

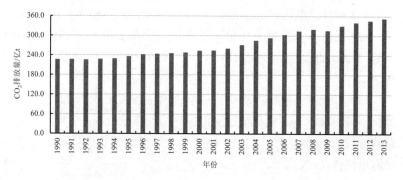

图 2-16　世界 CO_2 排放量(1990—2013 年)

[1]PBL Netherlands Environmental Assessment Agency. Trends in Global CO_2 Emission: 2014 report.

根据欧盟 PBL NEAA 环境评估机构统计结果，2013 年全世界碳排放前六名的国家依次为中国、美国、印度、俄罗斯、日本和德国。根据该机构发布的数据结果显示，2006 年中国碳排放首次超越美国，成为世界碳排放第一的国家，2006—2013 年，中国 CO_2 排放量从 65.1 亿 t 上升到 102.8 亿 t，增长了 59.1%（图 2-17）。

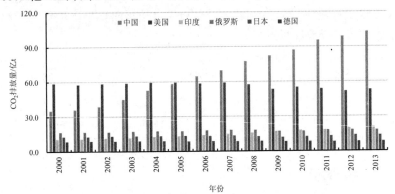

图 2-17　世界主要碳排放国家 CO_2 排放量（2000—2013 年）

根据核算结果，2013 年我国一次能源 CO_2 排放量达 91.9 亿 t，比 2012 年增长了 15.6%。我国正处于工业化中期阶段，CO_2 排放量在一段时间内可能仍将呈增加趋势，CO_2 减排任务仍然十分艰巨。

2.4.2　全国碳排放[①]

（1）由于对化石能源的巨大需求，我国的碳排放增长迅速。"十二五"时期以来，我国碳排放量逐年增加，2011 年首次突破 20 亿 t，2013 年全国碳排放总量达到 25.1 亿 t，较 2006 年增加了 48.8%（图 2-18）。

（2）我国能源强度总体呈下降趋势。万元 GDP 能源强度从 2006 年的 1.20 t/万元下降到 2013 年的 0.64 t/万元，能耗强度降低了 46.7%。

（3）工业仍是我国控制碳排放增长的重点领域，生活源碳排放呈增长趋势。农业、建筑业和批发零售业的碳排放较少，占全部终端能源碳排放的 5.6% 左右，与 2012 年持平；生活能源消费的排放占 10.7%；交通运输占 7.6%。

---

①由于截至报告完成国家统计局尚未公布 2013 年分省能源消耗情况，本报告未给出 2013 年分省碳排放核算结果。

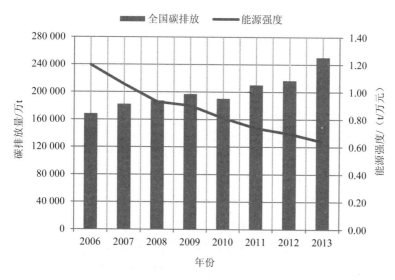

图 2-18　中国的碳排放和能源强度（2006—2013 年）

（4）2013 年工业行业终端能源利用的碳排放占全部终端能源碳排放的 71.3%，较 2012 年下降了 2.6 个百分点。我国的碳排放主要分布在黑色冶金、化工、非金属矿制品业、有色冶金、电力等工业行业。其中黑色冶金、化工和非金属矿制品业三大行业碳排放占全部终端能源排放的 41.1%（图 2-19）。

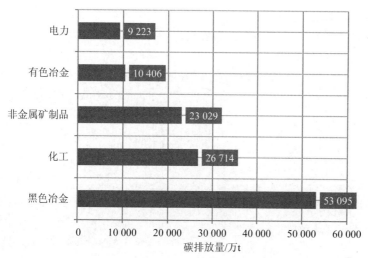

图 2-19　2013 年主要碳排放行业的碳排放量

第3章
环境质量账户

2006—2013 年我国环境质量有所改善，总体趋于好转，但部分指标仍有所波动。全国地表水水质持续好转，全国湖泊（水库）水质无明显变化，湖泊富营养化形势仍然严峻，海洋环境质量状况总体较好，近岸海域水质一般。2013 年，我国城市大气环境质量不容乐观。三大重点区域中京津冀和珠三角区域所有城市六项污染物均未达标，长三角地区仅舟山全部达标。全国城市声环境质量总体较好。

3.1 环境质量

从能够基本反映我国环境质量状况、具有比较连续监测数据的环境指标中选取具有代表性的指标，建立环境质量账户，除直接反映环境质量指标外，还反映治理水平，从治理层面体现环境质量变动原因。表 3-1 为我国的环境质量变化趋势，数据反映我国近年来环境质量有所改善，总体趋于好转，但部分指标仍有所波动。

表 3-1　环境质量账户变化趋势

单位：%（PM$_{10}$ 质量浓度除外）

	指标	2006 年	2007 年	2008 年	2009 年	2010 年	2011 年	2012 年	2013 年
水环境	全国地表水监测断面劣于 V 类的比例	26.0	23.6	20.8	20.6	16.4	13.7	10.2	9.0
	近岸海域水质监测点位劣于 IV 类的比例	17.0	18.3	12.0	14.4	18.5	16.9	18.6	18.6
	工业废水 COD 去除率	60.3	66.2	68.8	75.0	79.8	90.62	86.87	85.6
	城镇生活污水处理率	55.7	62.9	70.3	75.25	82.3	83.6	87.3	86.6[1]
大气环境	环境空气质量达标率	56.6	69.8	76.8	79.2	82.8	89.0	91.4	69.5[2]
	经人口加权的城市 PM$_{10}$ 质量浓度/（mg/m^3）	0.099	0.088	0.085	0.082	0.085	0.081	0.083	0.105
	工业废气二氧化硫（SO$_2$）去除率	37.4[3]	44.1[3]	53.4[3]	60.6	64.4	67.7	68.9	71.1

指标		2006 年	2007 年	2008 年	2009 年	2010 年	2011 年	2012 年	2013 年
	工业废气氮氧化物（NO_x）去除率[3]	2.0	6.52	5.44	5	4.8	4.9	6.8	18.9
固体废物	工业固体废物综合利用率[3]	60.9	62.8	64.3	67.8	67.1	62.0	64.0	62.8
	城镇生活垃圾无害化处理率	41.8	49.1	51.9	54.7	57.3	79.8	84.8	65.1
声环境	区域声环境质量高于较好水平城市占省控以上城市比例	68.8	72.0	71.7	76.1	73.7	77.9	79.4	76.9

注：1）2013 年无城镇生活污水处理率统计数据，此处为全国二、三级污水处理量占总污水处理量的比例；

　　2）2013 年全国有 74 个城市已开始实施新标准第一阶段监测，此处为 256 个尚未执行新标准地级市空气质量达标率；

　　3）中国环境经济核算结果。

其他数据来源：中国环境统计年报、中国环境状况公报和中国城市建设统计年鉴。

3.2　水环境

3.2.1　淡水水质

（1）全国地表水水质持续好转。2013 年，全国地表水总体为轻度污染，469 个地表水国控监测断面中，劣 V 类水质断面比例为 9.0%，主要污染指标为化学需氧量、五日生化需氧量和高锰酸盐指数。Ⅰ ～Ⅲ类水质断面比例占 71.7%，较 2012 年提高了 10.7 个百分点，较 2006年提高了 25.7 个百分点；劣 V 类水质断面比例较 2006 年下降了 17.0个百分点（图 3-1、图 3-2）。

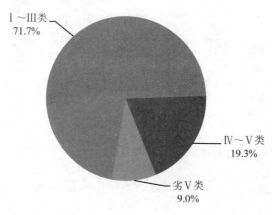

图 3-1　2013 年不同水质比例

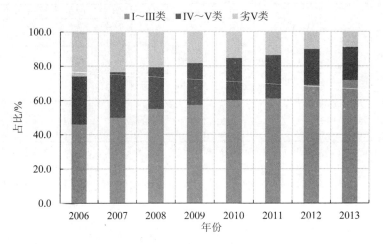

图 3-2 七大江河水质状况（2006—2013 年）

（2）全国湖泊（水库）水质无明显变化。2013 年，水质为优良、轻度污染、中度污染和重度污染的国控重点湖泊（水库）比例分别为60.7%、26.2%、1.6%和11.5%。与上年相比，各级别水质的湖泊（水库）比例无明显变化。主要污染指标为总磷、化学需氧量和高锰酸盐指数（图 3-3）。

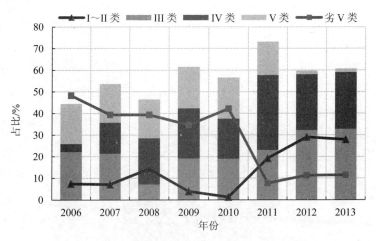

图 3-3 湖泊（水库）水质状况（2006—2013 年）

（3）我国湖泊富营养化形势仍然严峻。2013 年，富营养、中营养和贫营养的湖泊（水库）比例分别为 27.8%、57.4%和 14.8%。其中，滇池重度污染，与上年相比，水质无明显变化。

3.2.2 近海海域水质

（1）2013 年，我国海洋环境质量状况总体较好，近岸海域水质一般。一、二类海水比例占 66.4%，较 2012 年下降 3.0 个百分点；三、四类海水比例为 15.0%，比上年上升 3.0 个百分点；劣四类海水点位比例为 18.6%，与上年持平。主要污染指标为无机氮和活性磷酸盐（图 3-4）。

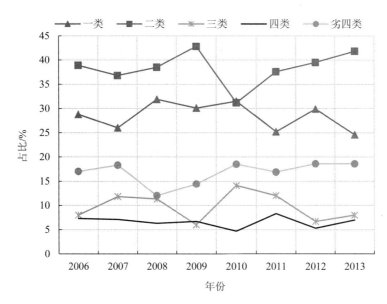

图 3-4 近岸海域水质（2006—2013 年）

（2）9 个重要海湾中，北部湾水质优，黄河口水质良好，辽东湾、渤海湾和胶州湾水质差，长江口、杭州湾、闽江口和珠江口水质极差。与上年相比，北部湾和渤海湾水质变好，黄河口和闽江口水质变差，其他海湾水质基本稳定。

3.2.3 经济发展与水资源短缺

我国水环境质量不容乐观，水质改善缓慢，究其原因，主要在于以下几个方面：

（1）近年来，水资源总量基本维持平衡，但是随着人口和经济发展压力的日趋加剧，总用水量呈现增长态势。

（2）用水需求不断攀升，部分流域水资源开发利用率过高。2012

年全国水资源开发利用率为 20.8%，2013 年全国水资源开发利用率为 22.1%。南方省份地表水供水量占其总供水量比重均在 88%以上，而北方省份地下水供水量则占有相当大的比例（图 3-5）。全国十大流域中，海河水资源开发利用率超过 100%；淮河水资源开发利用率达到 95%；黄河、西北诸河流域水资源开发利用率也在 48%以上（图 3-6）。

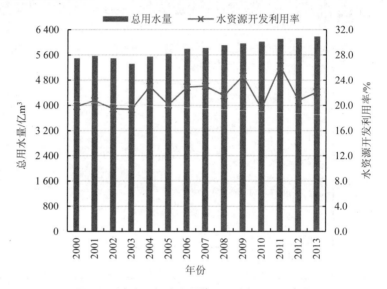

图 3-5 水资源开发利用率（2000—2013 年）

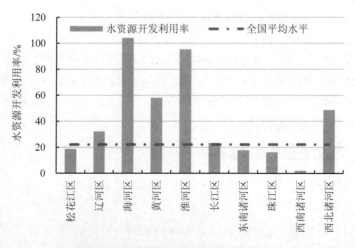

图 3-6 2013 年流域水资源开发利用率

（3）农业化肥施用量节节攀升，单位面积化肥施用量稳步上升①。
2013 年，单位面积化肥施用量比 2012 年增加了 1.2%，为 437 kg/hm²，
是国际化肥施用上限（225 kg/hm²）的 1.9 倍。农业面源污染加剧了
地表水环境污染问题（图 3-7）。

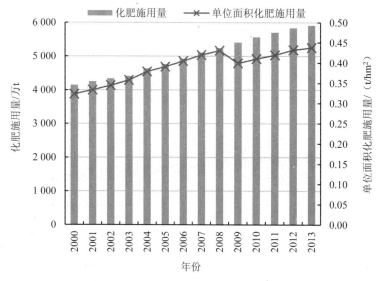

图 3-7　化肥施用量（2000—2013 年）

（4）饮用水安全仍未得到有效保障。2013 年，全国集中式饮用
水水源地达标取水量为 298.4 亿 t，达标率为 97.3%。我国城镇饮用
水水源地及供水系统污染事故频发，一些农村地区饮用水存在苦咸
或含高氟、高砷、血吸虫病原体等问题，对人民群众身体健康构成
严重威胁。

（5）地下水水质污染防治形势严峻。2013 年，地下水环境质量
的监测点总数为 4 778 个，水质较差和极差的监测点比例高达 59.6%
（图 3-8）。主要超标指标为总硬度、铁、锰、溶解性总固体、"三氮"
（亚硝酸盐、硝酸盐和氨氮）、硫酸盐、氟化物、氯化物等。

①根据第二次全国土地调查结果，比第一次调查的变更数多出 1 358.7 万 hm²；2009 年之后耕地
　数据均来自更新后的国土资源公报。

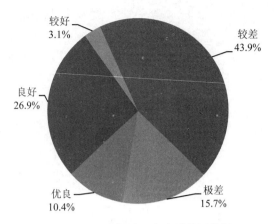

图 3-8　2013 年地下水水质监测结果

（6）工业废水处理设施正常运转率低，部分企业存在违法违规行为。《国务院关于实行最严格水资源管理制度的意见》中指出，到 2015 年，万元工业增加值用水量比 2010 年（89.1 m³）下降 30% 以上。2013 年万元工业增加值的工业用水量是 64.7 m³，但实际中部分工业企业单位产值工业用水量远高于行业平均水平，存在企业低报用水量、污水处理设施运转不正常、超标直排、违法偷排等问题。

3.3　大气环境

（1）2013 年，我国城市大气环境质量不容乐观。74 个新标准第一阶段监测实施城市中，仅海口、舟山和拉萨 3 个城市空气质量达标，超标城市比例高达 95.9%。SO_2 平均质量浓度为 0.040 mg/m³，达标城市比例为 86.5%；NO_2 平均质量浓度为 0.044 mg/m³，达标城市比例为 39.2%；PM_{10} 平均质量浓度为 0.118 mg/m³，达标城市比例为 14.9%；$PM_{2.5}$ 平均质量浓度为 0.072 mg/m³，达标城市比例为 4.1%（图 3-9）。

（2）256 个尚未执行新标准的其他地级以上城市中，环境空气质量达标城市比例为 69.5%。SO_2 年均浓度达标城市比例为 91.8%；NO_2 年均质量浓度达标城市比例为 100%；PM_{10} 年均质量浓度达标城市比例为 71.1%。

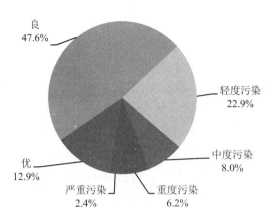

图 3-9　2013 年新标准第一阶段监测实施城市不同空气质量级别天数比例

（3）2013 年，三大重点区域中京津冀和珠三角区域所有城市六项污染物均未达标，长三角地区仅舟山全部达标。京津冀地区 $PM_{2.5}$ 平均质量浓度为 0.106 mg/m^3，PM_{10} 平均质量浓度为 0.181 mg/m^3，所有城市 $PM_{2.5}$ 和 PM_{10} 均超标；长三角地区 $PM_{2.5}$ 平均质量浓度为 0.067 mg/m^3，珠三角地区 $PM_{2.5}$ 平均质量浓度为 0.047 mg/m^3，所有城市均超标。

（4）我国大气环境质量呈现自南向北逐步趋差的空间格局，2013 年我国大气环境质量比 2012 年差。2013 年，我国南方地区城市 PM_{10} 平均质量浓度为 0.080 mg/m^3，北方地区城市 PM_{10} 平均质量浓度为 0.113 mg/m^3，分别比 2012 年平均质量浓度高 21% 和 34.5%。南方地区空气质量优于北方地区。2013 年地级以上城市中，PM_{10} 没有达到国家新二级标准的城市数量为 226 个，占地级以上城市数量的 70.4%（图 3-10、图 3-11）。

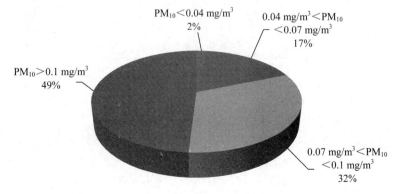

图 3-10　2013 年我国北方城市不同 PM_{10} 质量浓度水平比例

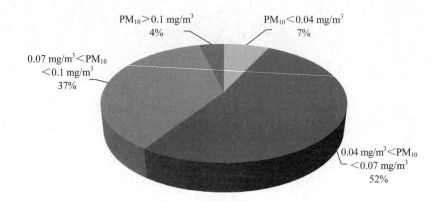

图 3-11　2013 年我国南方城市不同 PM$_{10}$ 质量浓度水平比例

（5）与人体健康关系较大的指标 PM$_{10}$ 年均质量浓度距离世界卫生组织推荐的健康阈值（0.015 mg/m^3）差距明显。2013 年，经人口加权后的 PM$_{10}$ 年均质量浓度为 0.105 mg/m^3，较 2012 年增加了 27.2%，PM$_{10}$ 年均质量浓度增长迅速。全国仅 2.2% 左右的城市 PM$_{10}$ 达到一级标准，与 2012 年相比有所下降（图 3-12）。

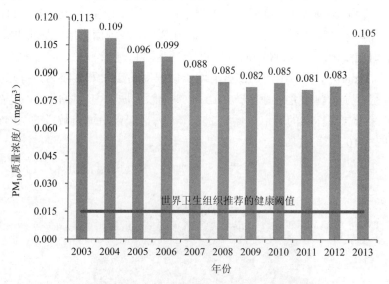

图 3-12　经人口加权的全国平均城市 PM$_{10}$ 质量浓度

（6）二氧化硫和颗粒物污染问题尚未得到根本解决的同时，以 PM$_{2.5}$ 和臭氧为代表的二次污染日趋严重。高密度人口的经济及社会

活动排放了大量 $PM_{2.5}$，在静稳天气的影响下，全国多个城市出现"雾霾"天气，公众对大气环境质量的关注持续上升，大气污染控制面临着严峻挑战。2013 年全国平均霾日数为 35.9 天，比上年增加 18.3 天，为 1961 年以来最多。

（7）我国大气环境质量不容乐观，污染有加重趋势，究其原因，主要在于以下几个方面：

> 能源消费结构不合理，能源利用效率低：作为一次能源消费的主要来源，煤在燃烧过程中释放出二氧化硫、颗粒物等多种大气污染物。目前，我国煤炭入洗率为 22%，动力煤洗选厂的洗选设备利用率仅为 69%，洗煤能力远落后于实际需要。此外，工业锅炉热效率低下、燃料利用率偏低、采暖季主要依靠煤等传统燃料燃烧等因素也是造成大气污染的重要原因。

> 大气污染防治投入不足，治理水平和治理效率尚待提升：我国工业大气污染防治整体水平较低，技术改造难度大，污染欠账多。未按照规定配套建设大气污染治理设施、设施设计处理能力低于实际需要、治理设施运行管理维护水平低下等情况并不鲜见。技术改造、污染防治工作还有很长的路要走。

> 机动车量增速过快，NO_x 排放量大：随着我国经济和人民生活水平的提高，机动车数量呈现快速增加趋势。民用汽车拥有量从 2006 年的 3 697.35 万辆增加到 2013 年的 12 670.14 万辆，7 年间增加了 2.4 倍。NO_x 排放量已经超过 SO_2 排放量，成为排放量最大的大气污染物。

> 大气污染成因复杂，呈现压缩型、复合型和区域型特征：我国大气污染来源多，污染成因复杂，不同区域污染物相互影响，区域污染状况差异大，污染控制难度大，既要对一次污染物进行治理和控制，还要对二次污染物进行控制；既要治理常规污染物，还要治理细颗粒物污染等新出现的大气污染问题。当前，我国大气污染的科技支撑力度不够，还没有完全形成有效应对这种区域型、复合型和压缩型大气污染的能力。

3.4　声环境

（1）全国城市区域声环境质量总体较好。2013 年，316 个监测区域环境噪声的城市中，城市区域声环境质量较好（二级）以上的城市共有 243 个，占 76.9%；城市区域声环境质量一般（三级）的城市共 72 个，占 22.8%；城市区域声环境治理差（四级及以下）的城市仅 1 个，占 0.3%（图 3-13）。

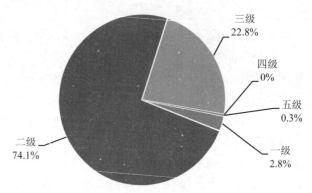

图 3-13　2013 年我国城市区域昼间声环境质量分布比例

（2）全国城市道路交通昼间声环境质量总体良好。2013 年，316 个监测城市道路交通昼间声环境质量城市中，强度等级为一级、二级的城市共有 309 个，占 97.8%；仅 7 个城市道路交通噪声强度为三级以下（图 3-14）。

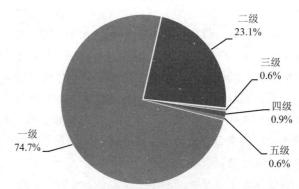

图 3-14　2013 年我国城市道路交通昼间声环境质量分布比例

第4章
物质流核算账户

　　经济系统的物质流核算分析（EW-MFA），是一个在国家层面对经济系统的物质代谢过程进行系统全面实物量核算的体系工具，其基本内容是定量刻画一个经济系统的资源能源输入与废物产生/排放的状态。为转变长期以来经济增长的粗放型模式，我国实施了发展循环经济的重大战略。"十二五"社会经济发展规划，首次列入了资源产出率指标。本报告在 EW-MFA 的基础上形成 Chinese Economy- Wide Material Flow Analysis（CEW-MFA）核算框架，对中国 2012 年物质消耗量、物质循环量和资源产出率等指标进行了核算。

4.1　研究背景

　　经济系统与环境之间通过物质流动联系起来，经济系统从环境中攫取水、能源、矿物质和生物质等资源，经过生产和消费过程转换后向环境排放各种污染物。传统的价值指标无法完全揭示经济系统与环境之间的相互关系以及经济发展对环境产生的影响。而经济系统的物质流核算分析（EW-MFA）则可以全面反映经济系统与环境之间的相互关系，考察经济系统的循环发展状态。

　　经济系统物质流分析（Economic Wide-Material Flow Analysis, EW-MFA）起源于社会代谢论和工业代谢论。20 世纪 90 年代开始，奥地利和日本完成了国家层次整体的 MFA 核算报告，物质流分析形成了一个快速发展的科学研究领域，很多学者集中研究如何统一不同的物质流分析方法。欧盟于 2001 年出台了标准化的 EW-MFA 编制方法导则，为物质流分析方法提供了第一个国际性的官方指导文件，并于 2009 年和 2011 年推出了新的修订，使 EW-MFA 得到了规范和延续，核算结果也具有国际和区域可比性。2008 年，OECD 工作组在

2001 年欧盟导则的基础之上发布了核算资源生产率的框架，目的也在于推动物质流分析的标准化。国际上此类工作的开展为我国 China EW-MFA（CEW-MFA）工作的推进提供了重要参考。

专栏 4.1 物质流核算数据来源

核算的所有数据均来自国家各部委的统计年鉴，主要包括《中国统计年鉴》《中国农村统计年鉴》《中国矿业年鉴》《中国能源统计年鉴》《中国口岸年鉴》《中国环境统计年鉴》《中国环境统计年报》等。

表 4-1 全国物质流核算主要指标解释

本地采掘 DEU	本地采掘指的是从本经济系统资源环境采集挖掘,进入本经济系统用作生产和消费的所有液态、固态和气态资源（由于水的开采量的数量级比其他本地开采的流量大,核算时不计入）。本地采掘分为四类：生物质、金属矿石、非金属矿石和化石燃料
进口 IM	进口指通过本经济系统海关口岸进入本经济系统的所有商品。进口商品包括原材料、半制成品和制成品
出口 EX	出口指通过本经济系统海关口岸流出本经济系统的所有商品。出口商品包括原材料、半制成品和制成品
本地物质投入 DMI 计算公式： DMI =DEU+IM	本地物质投入衡量的是经济系统生产消费活动所需的直接物质供给量。包括本地采掘、进口和调入三部分，故其表征的是本地经济系统对广义资源环境（全球资源环境）产生的压力。但由于进口及调入量是商品形式，包含半成品及最终成品，对本地环境与进口、调入所属地区资源环境的压力描述是不对等的，且不包括本地未使用采掘
本地物质消耗 DMC 计算公式： DMC=DMI−EX	本地物质消耗衡量的是经济系统的物质使用量，计量的是经济系统直接使用的总物质量（不包含非直接流）。本地物质消耗与能源消耗量等其他物理消耗指标的定义方法类似，可简单归结为输入减去出口得到
物质贸易平衡 PTB 计算公式： PTB=IM−EX	物质贸易平衡由进口和调入减去出口和调出得到，可反映经济系统物质贸易的顺差和逆差，顺差表明本经济系统资源输出大于外部资源输入，逆差表明本经济系统资源输出小于外部资源输入。但由于进出口及调入、调出量是商品形式，包含半成品及最终成品，在平衡过程中会存在不对等性

4.2 核算结果

（1）CEW-MFA 在遵循 EW-MFA 基本物质平衡理论和系统边界定义的基础上，从物质循环、固体废物以及物质流衍生指标 3 个主要方面进行了细分和补充拓展。在保证测算结果具有国际可比性的前提下，针对我国现阶段的重点领域、重点物质进行物质的细分，力求贴近我国资源效率管理的实际需求。

（2）CEW-MFA 尝试规范物质流分析的数据来源，为今后类似研究提供详尽的数据指引和校验依据。统计数据考虑数据的常年可得性和权威性，采用公开发布的统计年鉴数据，核算数据在调研文献的基础上均给出一个或多个选择。2012 年我国国家尺度 EW-MFA 共分解为本地采掘 DEU、进口 IM、出口 EX、国内生产排放 DPO 4 张表。

（3）研究报告选取我国"十五"期间、"十一五"期间及"十二五"期间的高速发展阶段作为研究时段，着重分析 2000—2012 年我国物质流的主要变化特征（表 4-2）。

表 4-2　2000—2012 年主要物质流指标测算结果　　单位：10^6 t

年份	本地采掘 DEU	进口 IM	物质贸易平衡 PTB	出口 EX	本地物质投入 DMI	本地物质消耗 DMC
2000	5 582	312	85	227	5 895	5 668
2001	5 825	347	77	270	6 173	5 903
2002	6 166	414	−685	1 099	6 581	6 166
2003	6 657	665	−530	1 195	7 181	6 657
2004	6 625	658	−688	1 346	7 284	6 625
2005	6 919	691	−544	1 235	7 672	6 919
2006	7 403	848	−310	1 158	8 251	7 093
2007	9 157	964	−506	1 470	10 121	8 651
2008	9 812	1 035	−216	1 251	10 847	9 596
2009	10 009	1 412	566	1 129	11 421	10 292
2010	10 333	1 576	382	1 195	11 909	10 714
2011	12 136	1 864	411	1 453	14 000	12 547
2012	11 048	2 085	725	1 361	13 134	11 772

（4）2012 年物质消耗增长趋势得到初步遏制。"十五"期间和"十一五"期间，我国物质投入和物质消耗呈快速增长趋势，2012 年，首次出现下降的趋势，全国本地物质投入和本地物质消耗分别为 131.34 亿 t 和 117.72 亿 t，分别比上年下降 6.17% 和 6.18%（图 4-1）。

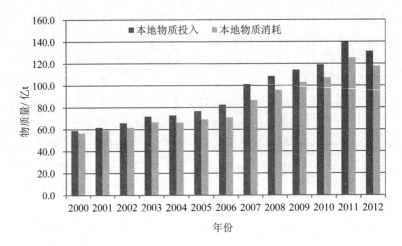

图 4-1 2000—2012 年本地物质消耗和本地物质投入

（5）结合 CEW-MFA 主要指标和各年度社会经济数据，得到相应循环经济指标。并通过综合 2000 年之前的其他数据，按照各研究的数据口径，筛选结果中本地物质消耗并折算为国家试行资源产出率概念下的调整后的物质消耗（ADMC）。

（6）GDP 与本地采掘、本地物质投入以及本地物质消耗暂无解耦迹象。2000 年本地采掘的 GDP 产出为 1 777 元/t，2012 年为 2 863 元/t，增长 61.1%；2000 年本地物质投入的 GDP 产出为 1 683 元/t，2012 年本地物质投入的 GDP 产出为 2 408 元/t，增长 43.1%。

（7）本地处置后排放量呈波动增加趋势。"十一五"期间，受污染物总量减排政策的影响，遏制了自 2000 年以来的污染物排放增长趋势，但排放量总体呈上升趋势。2012 年，纳入污染减排的指标比上年有所下降，但 CO_2 涨幅较高，导致总污染排放量仍呈增加趋势，达到 91.94 亿 t（图 4-2）。

（8）"十一五"期间，我国本地物质投入的 GDP 产出大体浮动于 2 100～2 400 元/t 的水平上，发达国家（如瑞士、瑞典、挪威等）2000 年的资源产出率都已经高于我国现在的 1 倍以上，我国经济增长的资源产出率整体较低（图 4-3）。

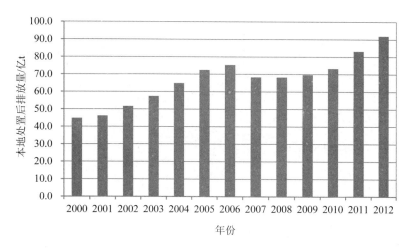

图 4-2　2000—2012 年本地处置后排放量

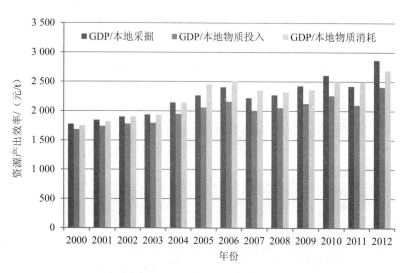

图 4-3　2000—2012 年全国单位 GDP 资源产出效率指标

（9）"十一五"时期以来，人均本地采掘、本地物质投入和本地物质消耗增加趋势加快。2000 年我国人均本地采掘为 4.4 t/人，人均本地物质投入为 4.7 t/人，人均本地物质消耗为 4.5 t/人，"十五"期间，这三项指标呈现相对低速的增加，"十一五"时期以来，这三项指标的增速相对较快，其中，人均本地采掘由 5.6 t/人增加到 7.7 t/人，人均本地物质投入由 6.3 t/人增加到 8.9 t/人，人均本地消耗由 5.4 t/人增加到 7.9 t/人，2012 年这三项指标分别为 8.2 t/人、9.7 t/人、8.7 t/人（图 4-4）。

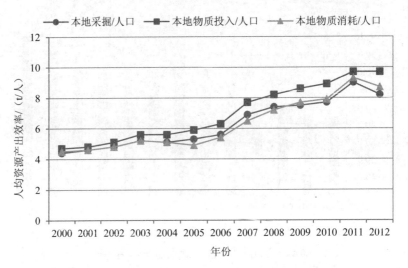

图 4-4 2000—2012 年全国人均资源产出效率指标

（10）我国经济增长仍处于高消耗、高资源投入阶段，单位物质消耗所贡献的 GDP 有所提高。单位物质消耗所贡献的 GDP 有所上涨，但依然较低，人均物质消耗的增长超过人口增长率，证明我国经济仍处于低效率高资源消耗阶段。但由于经济放缓，人均物质消耗开始呈现下降趋势，有利于缓解高资源投入带来的压力。

第5章
环境保护支出账户

环境保护支出包括工业污染源治理、城市环境建设直接相关的用于形成固定资产的资金投入、治理设施运行费用以及各级政府环境管理方面的支出。其中，各级政府环境管理方面投入的数据获取困难，本报告的环保支出只包括环境污染治理投资、环境保护运行及相关税费两部分。根据目前环境保护投资的统计口径，环境污染治理投资主要包括3个方面：①城市环境基础设施建设投资；②工业污染源治理投资；③建设项目"三同时"环境保护投资。环境保护运行及相关税费是指进行环境保护活动或维持污染治理运行所发生的经常性费用，包括设备折旧、能源消耗、设备维修、人员工资、管理费、药剂费及与设施运行有关的其他费用，以及企业交纳的环境保护税费。

5.1 环境保护支出

（1）2013 年环境保护支出共计 15 569.7 亿元，较上年增加了 6.3%，约为 2006 年的 6.2 倍。2013 年 GDP 环保支出指数为 2.6%，是 2006 年 GDP 环保支出指数的 2.2 倍，但较上年降低了 0.2 个百分点。其中，环境污染治理投资 9 037.2 亿元，占环境保护支出总资金的 58.0%，较上年增加了 1.7 个百分点；环境保护运行费用 5 322.0 亿元，占总环境保护支出的 34.2%，较上年下降了 2.0 个百分点。

（2）在 2013 年的环境保护运行及相关税费中，环境保护税费 1 210.5 亿元，占总运行及相关税费的 18.5%。

（3）因生产活动而支出的污染治理设施运行费用，即内部环境保护支出为 4 501.6 亿元，是外部环境保护活动的 5.5 倍。内部环境保护总支出中约 59.5% 的支出用于第二产业环境保护设施的运行维护。

表 5-1　2013 年按活动主体分的环境保护支出核算表　　单位：亿元

核算主体 核算对象	外部环境保护				内部环境保护				合计
	城市污水处理	城市垃圾处理	废气治理及其他	小计	第一产业	第二产业	第三产业	小计	
运行费用与相关税费 运行费用	261.9	178.9	379.6	820.4	538.0	2 676.9	1 286.8	4 501.6	5 322.0
资源税	1 005.7								1 005.7
排污费	204.8								204.8
环境污染治理投资	5 223				3 814.2				9 037.2
环境保护支出总计	15 569.7								

注：1）按活动主体分的中间消耗和工资等运行费的数据根据核算得到；
　　2）资源税和排污费数据仅列出合计数据；
　　3）外部环境保护的投资性支出数据为环境统计年报中的城市环境基础设施建设投资，内部环境保护的投资性支出数据为环境统计年报中的工业污染源治理投资和建设项目"三同时"环保投资之和。

5.2　环境污染治理投资和运行费用

（1）"十二五"环境保护投资规划需求预期超过 3.4 万亿元。根据"十二五"环境保护规划，全国"十二五"期间环保投资预期 3.4 万亿元，预期拉动 GDP 4.34 万亿元。按照年均 15%的增长速度计，到 2015 年我国环保产业产值将达到 4.92 万亿元。

（2）2013 年环境污染治理投资增速放缓，投资总额较上年增加了 9.5 个百分点。2012 年环境污染治理投资为 8 253.6 亿元，比 2011 年增加 36.9%；2013 年环境污染治理投资为 9 037.2 亿元，比 2012 年增加 9.5%，其中，建设项目"三同时"环保投资额为 2 964.5 亿元，较上年增加了 10.2%，城市环境基础设施建设投资为 5 223 亿元，较上年增加 3.1%（图 5-1）。

（3）环境污染治理投资占 GDP 的比重仍然较低。2000 年开始，我国环境污染治理投资占 GDP 的比重达到 1%以上；之后环境污染治理投资占 GDP 的比重有所起伏，2010 年，我国环境保护投资占 GDP 的比重首次超过了 1.5%，2013 年占比为 1.54%。总体来看，我国环境污染治理投资占 GDP 的比重仍然较低。

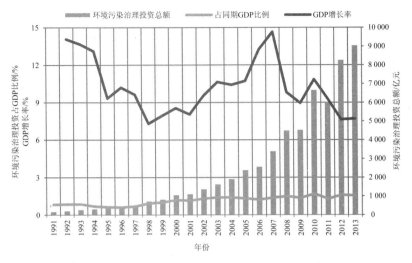

图 5-1　我国环境保护投资状况（1991—2013 年）

（4）随着环境污染治理投入的增长，环境污染治理能力和环保设施的治理运行费用不断提高。根据核算结果，2013 年环境污染实际治理成本共计 5 322.0 亿元，较上年增长了 0.4 个百分点，是 2006 年实际治理成本的 2.9 倍。其中，废水治理 1 560.2 亿元、废气治理 3 150.1 亿元、固体废物治理 611.7 亿元，工业固体废物实际治理成本为 432.7 亿元。

（5）废气治理能力较废水增长显著。根据统计，工业废气（标态）处理能力从 2006 年的 80 亿 m^3/h 提高到 2013 年的 143.5 亿 m^3/h，增加了 79.4%；工业废水治理能力从 2006 年的 19 553 万 t/d 上升到 2013 年的 25 642 万 t/d，增加了 31.1%。与此相对应，废气治理设施运行费用占比持续增长，从 2006 年的 48.1%上升到 2013 年的 58.1%；废水治理设施运行费用占比持续降低，从 2006 年的 40.2%下降到 2012 年的 24.4%（图 5-2）。根据核算结果，目前工业废水处理水平仍然较低，重气轻水的问题应该引起重视。

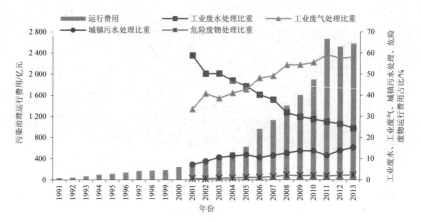

图 5-2　我国工业废水、废气治理设施和城市污水处理设施运行费用

（1991—2013 年）

第 6 章

GDP 污染扣减指数核算账户

污染治理成本分为实际污染治理成本和虚拟污染治理成本。污染实际治理成本是指目前已经发生的治理成本，实际治理成本核算在理论上比较简单，为污染物处理实物量与污染物单位治理成本的乘积。虚拟治理成本是指将目前排放至环境中的污染物全部处理所需要的成本，计算方法与实际治理成本相同，利用实物量核算得到的排放数据与污染物单位治理成本的乘积计算。2013 年，我国虚拟治理成本为 6 973.3 亿元，增速低于实际治理成本的增速。但虚拟治理成本绝对量仍然大于实际治理成本（约为其 1.3 倍），说明污染治理缺口仍较大。

6.1 治理成本核算

我国环境污染实际治理成本从 2006 年的 1 830.4 亿元上升到 2013 年的 5 322.0 亿元，增加了 2.0 倍，说明我国环境污染治理投入显著提高。2013 年，我国环境污染虚拟治理成本为 6 973.3 亿元，相对 2006 年增加了 69.6%，增速低于实际治理成本的增速。但虚拟治理成本绝对量仍然大于实际治理成本（约为其 1.3 倍），说明污染治理缺口仍较大。

6.1.1 治理成本概况

（1）大气和水污染治理缺口较大。2013 年我国废水虚拟治理成本为 1 979.6 亿元，是实际治理成本的 1.3 倍。2013 年废气虚拟治理成本为 4 704.8 亿元，是实际治理成本的 1.5 倍。2013 年固体废物虚拟治理成本为 288.9 亿元，是实际治理成本的 47%（图 6-1）。

（2）我国水污染和大气污染治理投入相对不足。2013 年我国大气污染实际治理成本为 3 150.1 亿元，占 GDP 的 0.54%；水污染实际治理成本为 1 560.2 亿元，占 GDP 的 0.27%。根据 2000 年美国 EPA 测算，大气污染治理成本占 GNP 0.77%，水污染治理成本占 GNP

1.13%[①]。我国大气及水污染治理投入尚未达到美国 2000 年水平。

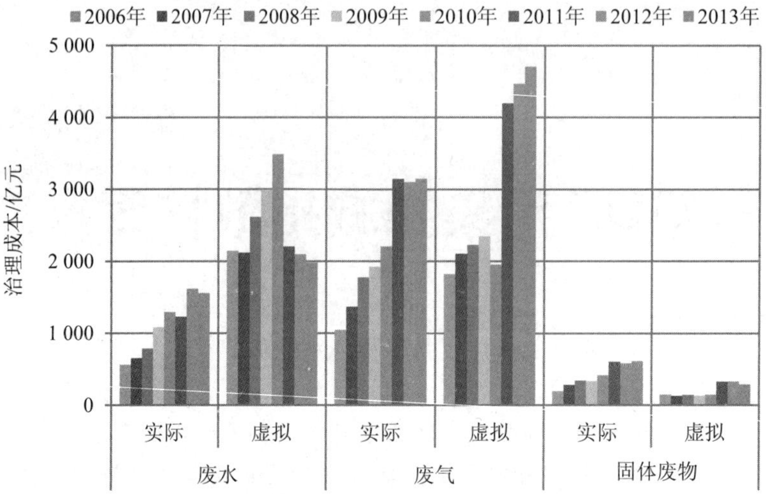

图 6-1　2006—2013 年废水、废气和固体废物污染治理成本

（3）NO_x 治理严重不足。2013 年废气虚拟治理成本中 NO_x 的虚拟治理成本为 2 937.4 亿元，占总废气虚拟治理成本的 62.4%。其中，交通源的 NO_x 虚拟治理成本为 2 252.4 亿元，占总废气虚拟治理成本的 76.7%。

（4）固体废物污染实际治理成本已超过虚拟治理成本。2013 年固体废物污染的实际治理成本为 611.7 亿元，较 2012 年增加了 5.5 个百分点，是 2006 年（195.1 亿元）的 3.1 倍，我国固体废物污染治理投入近年增长较快。

6.1.2　行业治理成本分析

（1）第一和第二产业污染物治理投入加大，污染治理初见成效，第三产业和生活污染治理缺口巨大。2013 年，第一产业、第二产业以及第三产业和生活的合计污染治理成本分别为 855.3 亿元、4 713.9 亿元、6 726.2 亿元。其中，第一产业、第二产业、第三产业与生活的虚拟治理成本分别为 317.3 亿元、2 037.0 亿元、4 619.0 亿元，分别是其实际治理成本的 59.0%、76.1%和 219.2%，生活虚拟治理成本高主要是交通源的虚拟治理成本较高导致的（图 6-2）。

（2）我国环境污染治理重点主要集中在电力、非金属矿制品业、黑色冶金、食品加工、化工、造纸等 10 个行业。2013 年，这 10 个

[①]http://yosemite.epa.gov/ee/epa/eerm.nsf/vwAN/EE-0294A-1.pdf/$file/EE-0294A-1.pdf.

行业的污染治理成本占总治理成本的比重达到 81.2%（图 6-3）。

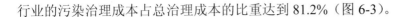

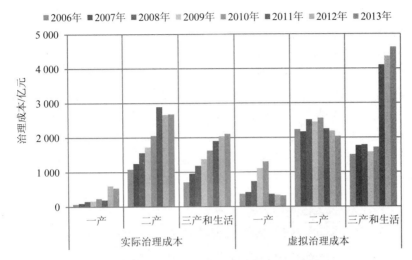

图 6-2 2006—2013 年不同产业的污染治理成本

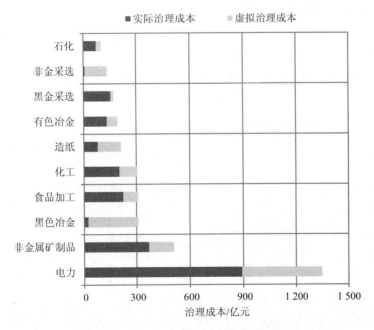

图 6-3 2013 年主要污染行业的治理成本

（3）非金属矿采选业和食品加工业等污染大户的治理欠账严重。
两个行业虚拟治理成本分别是实际治理成本的 15.8 倍和 12.2 倍，加大重点行业污染治理投入迫在眉睫。

（4）电力生产是污染治理成本最高的行业。2013 年，电力生产的实际治理成本为 891.9 亿元，比 2012 年（858.2 亿元）增加 3.9%，虚拟治理成本为 455.9 亿元，比 2012 年（512.9 亿元）减少了 11.1%。电力行业实际治理成本远高于其他行业。电力行业的脱硫能力近年大幅提高，但由于氮氧化物的治理水平仍然较低，其虚拟治理成本仍然处于高位。

（5）废水主要排放行业中，化工、纺织、煤炭采选、电力、黑色冶金和石化行业的实际治理成本大于虚拟治理成本，造纸、食品加工等行业实际治理成本都小于虚拟治理成本（图 6-4）。

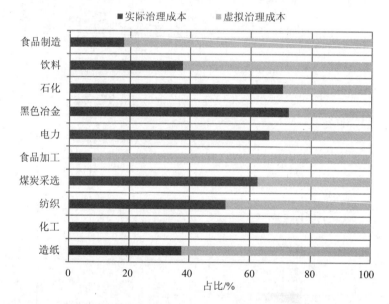

图 6-4　2013 年主要水污染行业不同治理成本比例

专栏 6.1　环境污染治理成本核算

污染治理成本法核算的环境价值包括两部分，一是环境污染实际治理成本；二是环境污染虚拟治理成本。

实际治理成本是指目前已经发生的治理成本，包括畜禽养殖、工业和集中式污染治理设施实际运行发生的成本。其中，工业废水、废气和城镇生活污水的实际污染治理成本采用统计数据，畜禽废水、工业固体废物、城市生活垃圾和生活废气的实际治理成本利用模型计算获得。

虚拟治理成本是指目前排放到环境中的污染物按照现行的治理技术和水平全部治理所需要的支出。治理成本法核算虚拟治理成本的思路是：假设所有污染物都得到治理，则当年的环境退化不会发生。从数值上看，虚拟治理成本可以认为是环境退化价值的下限核算。治理成本按部门和地区进行核算。

6.1.3　区域治理成本分析

（1）东部地区污染治理成本较高。2013 年，东部地区的实际治理成本和虚拟治理成本分别为 2 782.1 亿元和 3 359.5 亿元，中部地区分别为 1 312.7 亿元和 1 759.3 亿元，西部地区分别为 1 227.2 亿元和 1 854.5 亿元。东部地区实际治理成本最高，实际治理成本占总治理成本的比重为 45.3%（图 6-5）。

（2）中部地区实际治理成本较上年略有增加，污染治理欠账仍维持在较高水平。2013 年中部地区实际治理成本较上年增加了 6.0%，中部地区虚拟治理成本是实际治理成本的 1.3 倍（图 6-5）。

（3）2013 年西部地区实际治理成本较上年减少了 1.0%，西部地区的污染治理缺口较大。西部地区虚拟治理成本是实际治理成本的 1.5 倍（图 6-5）。

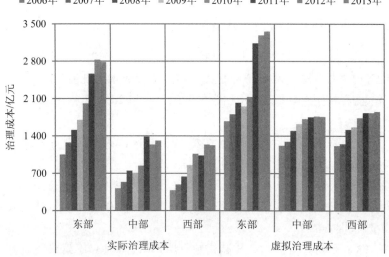

图 6-5　2006—2013 年不同区域的污染治理成本

（4）青海的污染治理投入亟须加大。山东、江苏、河北、浙江、广东位列总治理成本的前 5 位。2013 年这 5 个省份的污染治理成本合计 4 471.6 亿元，占总污染治理成本的 36.4%，其中，实际治理成本占总治理成本的 42.7%。海南、西藏、宁夏、青海、贵州是污染治理成本最低的 5 个省份，其合计污染治理成本为 593.9 亿元，占总污染治理成本的 4.8%。青海是污染治理成本缺口最大的省份，其虚拟治理成本是实际治理成本的 4.4 倍，污染治理投入需进一步加大（图 6-6）。

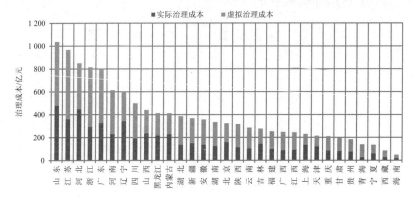

图 6-6　2013 年 31 个省份的实际治理成本和虚拟治理成本

6.2　GDP 污染扣减指数

6.2.1　产业和行业污染扣减指数对比

（1）2013 年 GDP 污染扣减指数为 1.23%。2013 年，我国行业合计 GDP（生产法）为 56.2 万亿元。虚拟治理成本为 6 973.3 亿元，虚拟治理成本占全国 GDP 的比例约为 1.23%，与 2012 年相比下降了 0.1 个百分点。

（2）第三产业污染扣减指数大。2013 年，第一产业虚拟治理成本为 317.3 亿元，扣减指数为 0.56%；第二产业虚拟治理成本为 2 037.0 亿元，扣减指数为 0.82%；由于机动车现采用更为严格的排放标准，导致第三产业虚拟治理成本相对较高，为 4 619.0 亿元，扣减指数为 1.76%（图 6-7）。

（3）不同行业的污染扣减指数有所下降。2013 年第二产业的污染扣减指数较 2012 年下降了 0.12 个百分点，第一产业和第三产业污染扣减指数分别下降了 0.08 个和 0.12 个百分点。

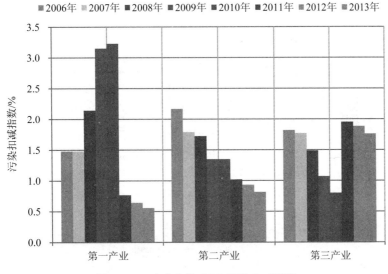

■2006年　■2007年　■2008年　■2009年　■2010年　■2011年　■2012年　■2013年

图 6-7　三次产业的 GDP 污染扣减指数

（4）非金属矿采选、皮革、电力、食品加工和造纸业是污染扣减指数最高的 5 个行业。2013 年，这 5 个行业的污染扣减指数分别为 14.64%、4.83%、4.49%、3.80%和 3.26%。5 个行业污染扣减指数均较上年有所下降（图 6-8）。

（5）污染扣减指数最低的行业是仪器制造业。仪器制造业扣减指数为 0.011%；其次为烟草业、通用设备制造业和汽车制造业，扣减指数分别为 0.021%、0.024%、0.024%。

6.2.2　区域污染扣减指数对比

（1）2013 年东部、中部、西部三大地区污染扣减指数均有所下降。东部地区污染扣减指数比 2012 年降低了 0.06 个百分点；中部地区污染扣减指数比 2012 年降低了 0.11 个百分点；西部地区污染扣减指数比 2012 年降低了 0.14 个百分点（图 6-9）。

（2）西部地区的污染扣减指数高于中部地区和东部地区。2013 年，西部地区的污染扣减指数为 1.47%、中部地区为 1.14%、东部地区为 0.96%，说明西部地区的污染治理投入需求相对其经济总量较中东部地区更大，需要给予西部地区更多的环境投入财政政策优惠。

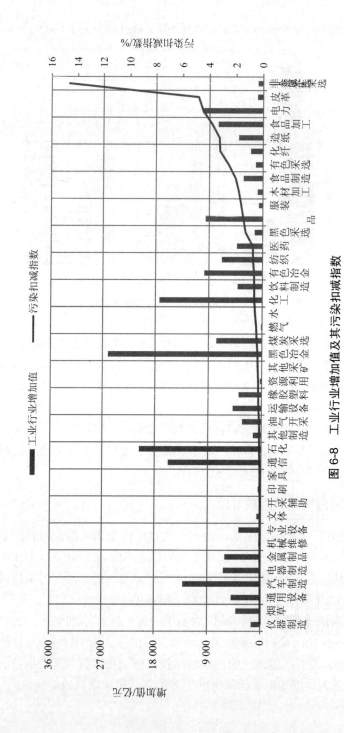

图 6-8 工业行业增加值及其污染扣减指数

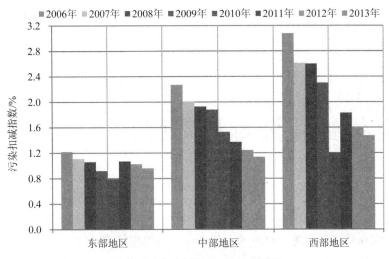

图 6-9　不同地区的污染扣减指数

（3）西部省份的 GDP 污染扣减指数较高。2013 年，分析了 31 个省份的污染扣减指数发现，污染扣减指数较小的地区是上海（0.44%）、天津（0.65%）、福建（0.71%）和广东（0.77%）。与 2012 年相比，这些地区的污染扣减指数都有不同程度的减少；这些东部省份的虚拟治理成本绝对量相对较高，但因其经济总量大，使其污染扣减指数相对较低。西藏（7.14%）、青海（5.41%）、宁夏（2.92%）、新疆（2.64%）、甘肃（1.82%）等省份的污染扣减指数相对较高（图 6-10）。

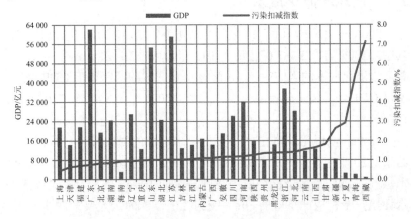

图 6-10　31 个省份的 GDP 与污染扣减指数

第7章

环境退化成本核算账户

环境退化成本又称污染损失成本，它是指在目前的治理水平下，生产和消费过程中所排放的污染物对环境功能、人体健康、作物产量等造成的实际损害，利用人力资本法、直接市场价值法、替代费用法等环境价值评价方法评估计算得出的环境退化价值。与治理成本法相比，基于损害的污染损失评估方法更具合理性，是对污染损失更加科学和客观的评价。环境退化成本仅按地区核算。

在本核算体系框架下，环境退化成本按污染介质来分，包括大气污染、水污染和固体废物污染造成的经济损失；按污染危害终端来分，包括人体健康经济损失、工农业（工业、种植业、林牧渔业）生产经济损失、水资源经济损失、材料经济损失、土地占用丧失生产力引起的经济损失、污染事故经济损失和对生活造成影响的经济损失。

7.1 水环境退化成本

2006—2013 年，我国水环境退化成本逐年增加，年均增速为 10.4%。其中，2006 年为 3 387.0 亿元、2013 年为 6 752.1 亿元（图 7-1），占总环境退化成本的 42.7%。因水环境退化成本的增速小于 GDP 增速，所以 GDP 水环境退化指数呈下降趋势。2006 年为 1.47%，2013 年为 1.07%。

在水环境退化成本中，污染型缺水造成的损失最大。根据核算结果，2013 年全国污染型缺水量达到 768.3 亿 m^3，占 2013 年总供水量的 12.4%，污染已经成为我国缺水的主要原因之一，对我国的水环境安全构成严重威胁，成为制约经济发展的一大要素。"十一五"时期和"十二五"时期头 3 年，污染型缺水造成的损失呈小幅上升趋势。2006 年为 1 923 亿元，占水环境退化成本的 56.8%；2011 年为 3 355.5 亿元，占 59.4%；2013 年为 4 151.9 亿元，占 61.5%。其次为水污染对农业生产造成的损失，2013 年为 1 193.9 亿元，比 2006 年增加 145.5%（图 7-2）。2013 年水污染造成的城市生活用水额外治理和防护成本为 547.9 亿元，工业用水额外治理成本为 460.7 亿元，农村居民健康损失为 397.6 亿元，分别比 2006 年增加 40.8%、22.3%、88.7%。

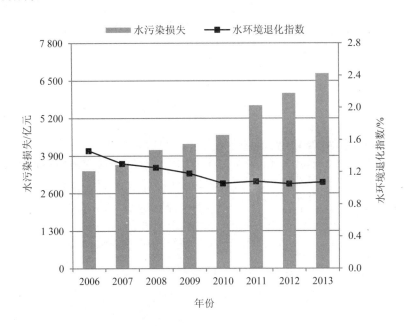

图 7-1　2006—2013 年水污染损失核算结果

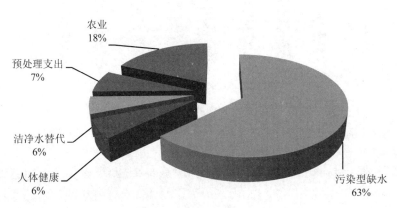

图 7-2　各种水污染损失占总水污染损失比重

2013 年，东部、中部、西部 3 个地区的水环境退化成本分别为
3 596.5 亿、1 456.9 亿元和 1 698.7 亿元，分别比上年增加 9.0%、
9.9%和 18%。东部地区的水环境退化成本最高，约占水污染环境退化
成本的 53.3%，占东部地区 GDP 的 1.03%；中部和西部地区的水环境
退化成本分别占总水环境退化成本的 21.6%和 25.2%，占地区 GDP
的 0.94%和 1.35%。

7.2 大气环境退化成本

我国大气环境退化成本呈快速增长趋势。2006 年大气污染环境
退化成本为 3 051.0 亿元，2007 年为 3 680.6 亿元，2008 年为 4 725.6
亿元，2009 年为 5 197.6 亿元，2010 年为 6 183.5 亿元，2011 年为
6 506.1 亿元，2012 年为 6 750.4 亿元，2013 年为 8 611.0 亿元，占总
环境退化成本的 54.5%。"十一五"期间，GDP 大气环境退化指数为
1.5%～1.7%，"十二五"时期的头两年，GDP 大气环境退化指数呈下
降趋势，2013 年有所上升，为 1.37%（图 7-3）。

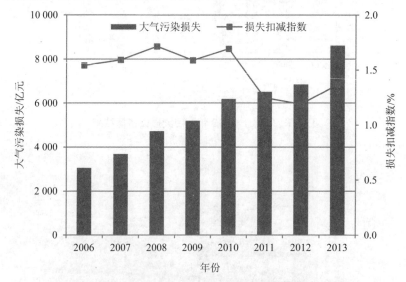

图 7-3　2006—2013 年大气污染损失及大气污染损失核算结果

在大气污染造成的各项损失中，健康损失最大。根据美国健康效
应研究所（HEI）研究，$PM_{2.5}$ 已成为影响中国公众健康的第四大危险
因素。HEI 的研究表明，2010 年室外 $PM_{2.5}$ 污染导致 120 万人过早死
亡以及超过 2 500 万健康生命年的损失，这是目前国际上关于中国室

外空气污染健康影响估算最大的数字。根据全国死因回顾调查，20世纪 70 年代以来，中国肺癌死亡率呈迅速上升趋势，已成为中国居民的首位恶性肿瘤死因。2004—2005 年肺癌死亡率升高至 30.84/10万，与 1973—1975 年相比，肺癌死亡率和年龄调整死亡率分别上升了 464.8%和 261.4%[①]。连续 10 年的核算结果显示，我国每年城镇地区因室外空气污染导致的过早死亡人数为 35 万～52 万人，与世界银行和 WHO 的核算结果相近。

2013 年，我国东部地区大气污染导致的城镇过早死亡人数为 25.4万人，占总数的 48.8%；中部地区大气污染导致的城镇过早死亡人数为 15.3 万人，占总数的 29.3%；西部地区大气污染导致的城镇过早死亡人数为 11.4 万，占总数的 21.9%。2013 年我国城市的实际死亡人数为 523.5 万人，大气污染导致的过早死亡人数占实际死亡人数的9.9%。具体到各省份而言，北京、新疆、宁夏、青海、天津、山西、河北、山东等地区大气污染导致的过早死亡人数占实际死亡人数的比例都超过了 13%；而海南、云南、贵州、广西、福建等省份大气污染导致的过早死亡人数较低。从城镇万人空气污染死亡率看，中部地区最高，为 0.72‰，东部地区为 0.71‰，西部地区为 0.68‰。其中，河北（0.95‰）、青海（0.89‰）、新疆（0.86‰）、山东（0.86‰）、河南（0.81‰）等省份相对较高，而福建（0.57‰）、西藏（0.56‰）、广东（0.54‰）、云南（0.50‰）、海南（0.32‰）等省份相对较低（图7-4）。

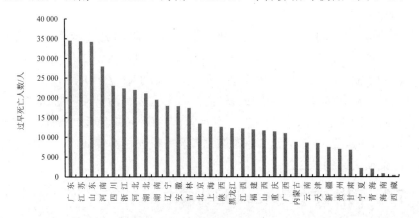

图7-4 2013 年中国 31 个省份空气污染导致城镇万人死亡率和

过早死亡人数

---

①卫生部. 第三次全国死因调查主要情况[J]. 中国肿瘤，2008（5）：344-345。

在 SO₂ 减排政策的作用下，大气环境污染造成的农业损失有所降低。2013 年农业减产损失为 509.5 亿元，比 2006 年减少 17.4%，农业减产损失占大气污染损失的 6%（图 7-5）。2013 年，材料损失为 222.6 亿元，比 2006 年增加 53.9%。随着车辆和建筑物的快速增加，额外清洁费用增速较快，从 2006 年的 416.4 亿元增加到 2013 年的 1 498.9 亿元，年均增长 37.1%。

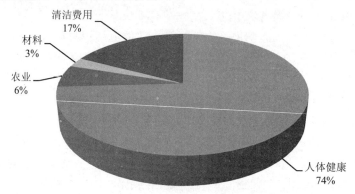

清洁费用
17%

材料
3%

农业
6%

人体健康
74%

图 7-5　各种大气污染损失占总大气污染损失比重

2013 年，东部、中部、西部 3 个地区的大气环境退化成本分别为 4 799.3 亿元、2 119.9 亿元和 1 723.7 亿元。大气环境退化成本最高的仍然是东部地区，占大气总环境退化成本的 55.5%，占东部地区 GDP 的 1.37%；中部和西部地区的大气环境退化成本分别占大气总环境退化成本的 21.6% 和 25.2%，这两个地区的大气环境退化成本都占地区 GDP 的 1.37%。从省份而言，江苏（860.2 亿元）、广东（737.5 亿元）、山东（794.7 亿元）、浙江（433.1 亿元）、河南（502.8 亿元）5 个省的大气污染损失较高，占全国大气污染损失的 38.7%。甘肃（90.4 亿元）、宁夏（33.4 亿元）、青海（39.6 亿元）、海南（17.5 亿元）、西藏（5.1 亿元）等省份大气污染损失相对较低，占全国大气污染损失比例的 2.2%。

7.3　固体废物侵占土地退化成本

2013 年，全国工业固体废物侵占土地约 14 637.7 万 m²，丧失土地机会成本约为 231.9 亿元，比上年减少 39.3%。生活垃圾侵占土地约 2 986.8 万 m²，比上年增加 7.1%，丧失土地机会成本约为 74.9 亿元，比上年增加 2.5%。两项合计，2013 年全国固体废物侵占土地造成的环境退化成本为 308.1 亿元，占总环境退化成本的 2.0%。2013年，东部、中部、西部 3 个地区的固体废物环境退化成本分别为 94.2亿元、103.8 亿元、110.1 亿元。

7.4　总环境退化成本

我国环境退化成本呈逐年增长趋势，2006 年以来，以年均 13.5%的速度增加。其中，2006 年为 6 507.7 亿元、2007 年为 7 397.9 亿元、2008 年为 8 947.6 亿元、2009 年为 9 701.1 亿元、2010 年为 11 032.8亿元，2011 年为 12 512.7 亿元，2012 年为 13 357.6 亿元，2013 年为15 794.5 亿元（图 7-6）。在总环境退化成本中，大气环境退化成本和水环境退化成本是主要的组成部分，2013 年这两项损失分别占总退化成本的 54.5%和 42.7%，固体废物侵占土地退化成本和污染事故造成的损失分别为 308.1 亿元和 123.3 亿元，分别占总退化成本的 1.95%和 0.78%。从环境退化成本占 GDP 比重的扣减指数看，我国环境退化成本扣减指数呈下降趋势，但 2013 年有所上升。

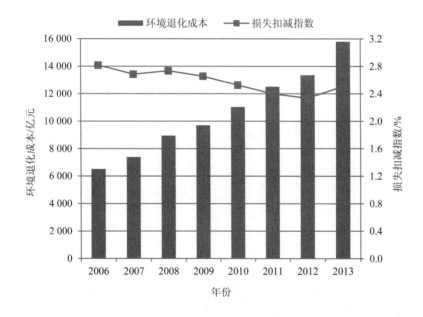

图 7-6　2006—2013 年环境退化成本及其扣减指数

从空间角度看，我国区域环境退化成本呈现自东向西递减的空间格局（图 7-7）。2013 年，我国东部地区的环境退化成本较大，为

8 490 亿元，占总环境退化成本的 54.1%，中部地区为 3 680.6 亿元，西部地区为 3 532.4 亿元。具体从省份角度看，河北（1 774.2 亿元）、山东（1 543.1 亿元）、江苏（1 248.7 亿元）、广东（972.8 亿元）、河南（985.8 亿元）、浙江（721.3 亿元）等省份的环境退化成本较高，占全国环境退化成本比重的 34.6%。除河南外，这些省份都位于我国东部沿海地区。新疆（275.9 亿元）、宁夏（152.6 亿元）、青海（84.6 亿元）、西藏（43.5 亿元）、海南（40.3 亿元）等省份的环境退化成本较少，占全国环境退化成本的 3.8%。这些省份除环境质量本底值好的海南省外，其他都位于西部地区，西部地区环境退化成本低的主要原因是地广人稀，实际来看，西部地区部分城市的大气环境质量与水体的水环境质量也堪忧。

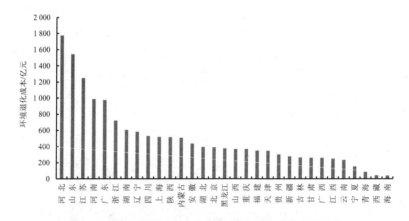

图 7-7　2013 年中国 31 个省份环境退化成本空间分布

第8章
生态破坏损失核算账户

生态系统可以按不同的方法和标准进行分类，本报告按生态系统的环境特性将生态系统划分为五类，即森林生态系统、草地生态系统、湿地生态系统、耕地生态系统和海洋生态系统。由于未掌握耕地生态系统和海洋生态系统的基础数据，本报告仅核算了森林、草地、湿地和矿产开发引起的地下水流失与地质灾害四类生态系统的服务功能损失。

生态系统一般具有三大类功能，即生活与生产物质的提供（如食物、木材、燃料、工业原料、药品等）、生命支持系统的维持（如生物多样性、气候调节、水土保持等）以及精神生活的享受（如登山、野游、渔猎、漂流等）。本报告所指生态服务功能仅包括第一类和第二类中的重要功能，并根据森林、草地和湿地的主要生态功能分别选择了对其最重要和典型的服务功能进行核算（表8-1）。

表8-1　生态破坏损失核算框架

	生产有机物质	调节大气	涵养水源	水分调节	水土保持	营养物质循环	净化污染	野生生物栖息地	干扰调节
森林	√	√	√	√		√		√	
湿地	√	√	√		√	√	√	√	√
草地	√	√			√	√			
耕地	×	×	×		×	×			
海洋	×	×		×		×	×	×	×

注：√代表已核算项目；×代表未核算项目。

8.1 森林生态破坏损失

我国森林覆盖率只有全球平均水平的 2/3，排在世界第 139 位；人均森林面积 0.145 hm²，不足世界人均占有量的 1/4；人均森林蓄积 10.15 m³，只有世界人均占有量的 1/7；全国乔木林生态功能指数 0.54，生态功能好的仅占 11.3%；乔木林蓄积量 85.88 m³/hm²，只有世界平均水平的 78%。从长期来看，由于我国仍然处于经济发展和城镇人口快速增长期，社会经济发展对木材需求不断增长，木材供需矛盾加剧，森林生态系统安全面临巨大压力。

根据全国第七次森林资源清查结果，我国目前森林面积为 19 545.2 万 hm²，森林覆盖率 20.4%，比第六次清查结果 18.2%提高了 2.15%。总体来看，森林面积继续扩大，林木蓄积生长量持续大于消耗量，森林质量有所提高，森林生态功能不断增强。但本次清查也发现，我国森林资源长期存在的数量增长与质量下降并存、森林生态系统趋于简单化、生态功能衰退、森林生态系统调节能力下降的问题仍然广泛存在，生态脆弱状况没有根本扭转。

在人类活动的干扰下，森林资源的非正常耗减所造成的生态服务功能下降，包括森林资源非正常耗减带来的森林生态系统服务功能退化损失以及为防止森林生态退化的支出两部分。由于缺乏数据，本报告仅对前者的损失进行了核算。这里所指的森林资源包括常绿针叶林、常绿阔叶林、落叶针叶林、落叶阔叶林等多种类型（这里主要指乔木树种构成，郁闭度 0.2 以上的林地或冠幅宽度 10 m 以上的林带，不包括灌木林地和疏林地）。

根据全国第七次森林资源清查结果，林地转为非林地的面积为 831.73 万 hm²。2013 年我国森林生态破坏损失达到 1 349.3 亿元，占 2013 年全国 GDP 的 0.21%，其中针叶林生态破坏损失达到 631.5 亿元，阔叶林生态破坏损失达到 717.8 亿元。从损失的各项功能看，生产有机质、固碳释氧、涵养水源、保持水土、营养物质循环、生物多样性保护、净化空气等森林资源的各项生态功能破坏损失分别为 63 亿元、91.3 亿元、38.4 亿元、83.6 亿元、26.6 亿元、783.5 亿元、262.8 亿元（图 8-1）。其中，生物多样性保护功能丧失所造成的破坏损失最大，占森林总损失的 57.7%，超过其他各项生态功能损失之和。

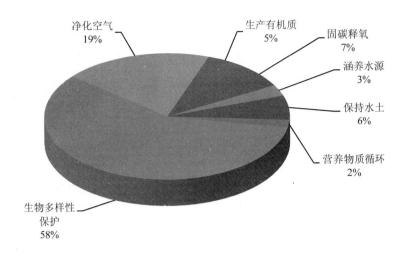

图 8-1 森林生态破坏各项损失占比

我国森林的空间分布差异很大,主要分布在东南地区、西南地区、内蒙古东部地区和东北三省,仅黑龙江、吉林、内蒙古、四川、云南五省份的森林面积和蓄积量就占全国的 43.4% 和 49.7%。从针叶林和阔叶林的破坏率看,宁夏、河南、山东、新疆等地区的破坏率相对最高。而森林非正常耗减量位居前 5 位的省(区)为湖北、黑龙江、河南、广西、云南,分别占全国非正常耗减量的 9.8%、9.5%、8.7%、8.7% 和 8.5%,造成的生态破坏损失分别达到 132.6 亿元、128.2 亿元、117.6 亿元、117.4 亿元和 117.4 亿元(图 8-2)。

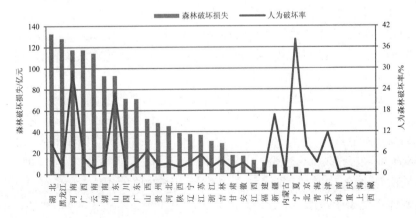

图 8-2 2013 年 31 个省份的森林生态破坏经济损失和人为破坏率

8.2 湿地生态破坏损失

湿地与人类的生存、繁衍、发展息息相关，是自然界最富生物多样性的生态系统和人类最重要的生存环境之一，它不仅为人类的生产、生活提供多种资源，而且具有巨大的环境功能和效益，在抵御洪水、调节径流、蓄洪防旱、降解污染、调节气候、控制土壤侵蚀、美化环境等方面具有其他系统不可替代的作用，被称为地球之肾、物种贮存库、气候调节器。本报告核算的湿地指面积在 100 hm² 以上的湖泊、沼泽、库塘和滨海湿地，宽度≥10 m、面积≥100 hm² 的全国主要水系的四级以上支流，以及其他具有特殊重要意义的湿地。

全国湿地资源调查（1995—2003 年）结果表明，我国现有调查范围内的湿地总面积为 3 848.55 万 hm²，其中自然湿地面积 3 620.05 万 hm²，占国土面积的 3.77%。在自然湿地面积中，滨海湿地所占比重为 16.41%、河流湿地占 22.67%、湖泊湿地占 23.07%、沼泽湿地占 37.85%。调查表明，湿地开垦、改变自然湿地用途和城市开发占用自然湿地是造成我国自然湿地面积削减、功能下降的主要原因。

本报告所指湿地生态破坏是指在人类活动的干扰下，由于人为因素造成的湿地生态系统的生态服务功能退化，以湿地围垦率指标体现湿地生态系统的人为破坏率。根据核算结果，目前全国湿地围垦面积达到 65.8 万 hm²，由此造成的湿地生态破坏损失达到 1 395 亿元，占 2013 年全国 GDP 的 0.22%。湿地的生产有机物质、调节大气、涵养水源、水分调节、水土保持、营养物质循环、净化污染、野生生物栖息地、干扰调节生态系统服务功能损失分别为 14.9 亿元、16.9 亿元、631.9 亿元、1.2 亿元、16.4 亿元、4.9 亿元、328.2 亿元、23.9 亿元、356.6 亿元。在湿地生态破坏造成的各项损失中，涵养水源的损失贡献率最大，占总经济损失的 45.3%（图 8-3）。

我国湿地分布较为广泛，同时，受自然条件的影响，湿地类型的地理分布表现出明显的区域差异。我国湿地主要分布在西藏、黑龙江、内蒙古和青海 4 个省份，这 4 个省份的湿地面积占全国湿地面积的 46.6%。在全国 31 个省份中，浙江的湿地人为破坏率最高，达到 4.4%，其次是重庆（3.9%）和甘肃（3.2%）。虽然湿地主要分布地区的人为破坏率处于中游水平，但由于基数大，黑龙江、西藏、内蒙古、青海和甘肃的人为湿地破坏面积位居全国前 5 位，这 5 个省份的湿地生态破坏经济损失也位居前 5 位，经济损失分别达到 227 亿元、198.8 亿元、177.5 亿元、83.2 亿元和 70.6 亿元，5 个省合计约占全国湿地生态破坏经济损失的 54.3%（图 8-4）。

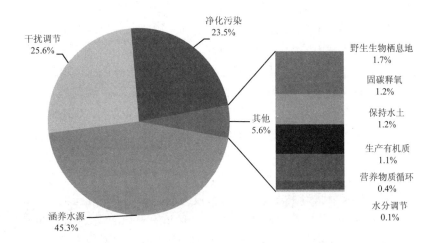

图 8-3 湿地生态破坏各项损失占比

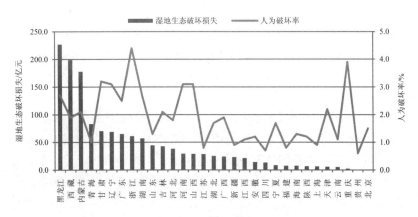

图 8-4 2013 年 31 个省份的湿地生态破坏经济损失和
人为破坏率

8.3 草地生态破坏损失

我国是草地资源大国，全国草原面积近 4 亿 hm^2，约占陆地国土面积的 2/5，是我国面积最大的绿色生态屏障，也是干旱、高寒等自然环境严酷、生态环境脆弱区域的主体生态系统。按照草原地带性分布特点，可以将我国草原分为北方干旱半干旱草原区、青藏高寒草原区、东北、华北湿润半湿润草原区和南方草地区四大生态功能区，它们在我国国家生态安全战略格局中占据着十分重要的位置。

北方干旱半干旱草原区位于我国西北、华北北部以及东北西部地区，涉及河北、山西、内蒙古、辽宁、吉林、黑龙江、陕西、甘肃、宁夏和新疆 10 个省份，是我国北方重要的生态屏障。全区域有草原面积 15 995 万 hm^2，占全国草原总面积的 40.7%。该区域气候干旱少雨、多风，冷季寒冷漫长，草原类型以荒漠化草原为主，生态系统十分脆弱。青藏高寒草原区位于我国青藏高原，全区域有草原面积 13 908 万 hm^2，占全国草原总面积的 35.4%。区域内大部分草原在海拔 3 000 m 以上，气候寒冷、牧草生长期短，草层低矮，产草量低，草原类型以高寒草原为主，生态系统极度脆弱。东北、华北湿润半湿润草原区主要位于我国东北和华北地区，全区域有草原面积 2 961 万 hm^2，占全国草原总面积的 7.5%。该区域是我国草原植被覆盖度较高、天然草原品质较好、产量较高的地区，也是草地畜牧业较为发达的地区，发展人工种草和草产品加工业潜力很大。南方草地区位于我国南部，涉及上海、江苏、浙江、安徽、福建、江西、湖南、湖北、广东、广西、海南、重庆、四川、贵州和云南 15 个省份，全区域有草原面积 6 419 万 hm^2，占全国草原总面积的 16.3%。区域内牧草生长期长、产草量高，但草资源开发利用不足，部分地区面临石漠化威胁，水土流失严重。

2013 年全国草原监测报告显示，我国草原生态的总体形势发生了积极变化，全国草原生态环境加速恶化势头已得到有效遏制。2013 年全国重点天然草原的牲畜超载率为 16.8%，较上年下降了 6 个百分点。自 2005 年农业部开展全国草原监测工作以来首次降到 20% 以下。全国鼠害、虫害危害程度有所下降，其中鼠害危害面积与上年基本持平，虫害危害面积较上年减少。2013 年，全国草原鼠害危害面积为 3 695.5 万 hm^2，约占全国草原总面积的 9.2%，与上年基本持平。草原鼠害主要发生在河北等 13 个省份和新疆生产建设兵团。其中，西藏、内蒙古、新疆、甘肃、青海、四川 6 个省份危害面积合计 3 351.6 万 hm^2，占全国鼠害危害面积的 90.7%。

草地生态破坏是在人类活动的干扰下，由于人为因素造成的草地生态系统的生态服务功能退化。影响草地生态系统生态退化的人为因素主要是不合理的草地利用，包括过度放牧、开垦草原、违法征占草地、乱采滥挖草原野生植被资源等。本报告核算结果显示，目前全国人为破坏的草地面积达 1 730.65 万 hm²，由此造成的草地生态破坏损失达 1 753.8 亿元，占 2013 年全国 GDP 的 0.29%。草地的生产有机物质、调节大气、涵养水源、水土保持、营养物质循环等生态系统服务功能损失分别为 264.4 亿元、299.3 亿元、269.4 亿元、833.7 亿元和 87.0 亿元。在草地生态破坏造成的各项损失中，水土保持的贡献率最大，占总经济损失的 47.5%（图 8-5）。

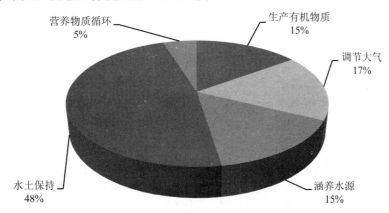

图 8-5　草地生态破坏各项损失占比

　　由于我国草地主要集中在西部地区，且西部地区的牲畜超载率也普遍较高，根据《全国草原监测报告（2013）》，西藏、内蒙古、新疆、青海、四川、甘肃的平均牲畜超载率分别为 22%、8%、19%、14%、19% 和 19%，因此，西部地区草地生态破坏损失远大于东中部地区，占 87%，东部地区占 1.7%，中部地区占 11.3%。在 31 个省份中，青海草地生态破坏损失以 428.3 亿元位居首位，占全国总损失的 24.0%，内蒙古（309.1 亿元）和西藏（280.6 亿元）分别占 17.6% 和 16%，这 3 个省和四川、新疆、黑龙江、甘肃等 7 个省份 2013 年度的草地生态系统破坏经济损失总计为 1 547.9 亿元，占全国的 88.3%，其他 13 个省份仅占 11.7%，北京、天津、上海、江苏、浙江、安徽、福建、江西、湖南、广东和海南 11 个省份的超载率为 0，草地生态破坏经济损失为 0（图 8-6）。

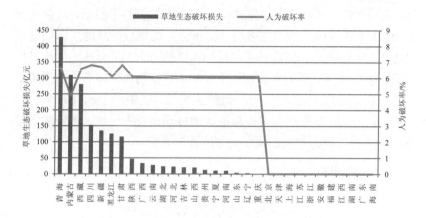

图 8-6　2013 年 31 个省份的草地生态破坏经济损失

8.4　矿产开发生态破坏损失

我国是矿业大国，矿产开发总规模居世界第三位，矿产资源开发在为经济建设做出巨大贡献的同时，也对生态环境造成了长期、巨大的破坏。根据国土资源部开展的全国矿山地质环境调查结果，由于长时间、高强度的矿山开采，造成大量土地荒废，生态环境恶化，有的地方发生大范围的地面塌陷等地质灾害。由于固体废物堆放引起的土地占用损失已在环境退化成本中进行了核算，为避免重复，矿产开发生态破坏损失部分主要对地下水环境生态破坏与矿产开发过程中引起的采空塌（沉）陷、地裂缝、滑坡等地质灾害造成的经济损失进行核算。

目前矿产开发每年导致的地下水资源破坏量达到 14.2 亿 m^3，由此造成的经济损失达 61.3 亿元；因采矿活动形成的地质灾害面积约 116.18 万 hm^2，由此造成的经济损失达 194 亿元，两项合计 2013 年矿产开发造成的经济损失达 255.4 亿元，占 2013 年全国 GDP 的 0.041%。

从区域角度看，我国矿产资源主要集中分布在湖北、湖南、山西、陕西、内蒙古、青海、新疆、贵州和云南等中西部地区，因此，中部、西部省份矿产开发造成的生态破坏损失量较大，分别达 187.1 亿元和 38.8 亿元，占总生态破坏损失量的 75.8% 和 15.7%。在 31 个省份中，山西以 165.0 亿元位居首位，占全国总损失的 66.8%（图 8-7）。

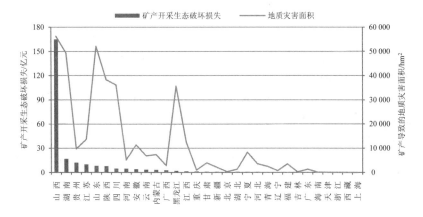

图 8-7　2013 年 31 个省份矿产开发生态破坏经济损失和
地质灾害面积

8.5　总生态破坏损失

近 5 年我国生态破坏损失呈小幅增长趋势（图 8-8）。2008 年全国的生态破坏损失为 3 961.8 亿元，2009 年为 4 206.5 亿元，2010 年为 4 417.0 亿元，2011 年为 4 758.5 亿元，2012 年为 4 745.9，2013 年为 4 753.5 亿元，占 GDP 的 0.75%。在生态破坏损失中，草地退化造成的生态破坏损失相对较大，2013 年为 1 753.8 亿元；其次为湿地占用导致的生态破坏损失，2013 年为 1 395 亿元。因矿产资源开发导致的地下水污染和地质灾害损失相对较少，2013 年为 255.4 亿元。

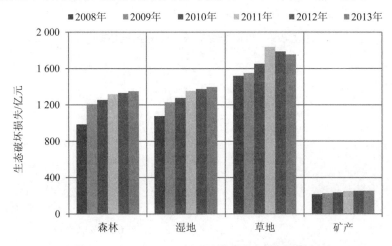

图 8-8　2008—2013 年不同类型生态破坏损失对比

　　我国生态破坏损失的空间分布极不均衡，呈现从东部沿海地区向西部地区逐级递增的空间格局（图 8-9）。2013 年，我国东部、中部、西部 3 个地区的生态破坏损失分别为 720 亿元、1 421.7 亿元和 2 612.2 亿元，分别占总生态损失的 15.0%、30%、55%，西部地区的生态破坏损失超过了中部与东部地区的总和。具体从各省份来看，青海（507 亿元）、内蒙古（489.7 亿元）、黑龙江（480.8 亿元）、西藏（474.2 亿元）、山西（266.6 亿元）、四川（239.1 亿元）等省份是我国生态破坏损失最严重的省份，这些省份的生态破坏损失占到总生态破坏损失的 51.7%。其中，青海、内蒙古、四川等省份的生态破坏损失以草地损失为主，分别占总生态破坏损失的 82.8%、61.9%、62.6%；山西生态破坏损失以矿产资源开发的生态损失为主，占比为 62.1%；黑龙江生态破坏损失以湿地损失为主，占比为 47.2%；西藏生态破坏损失由草地和湿地损失组成，占比分别为 58.1% 和 41.9%。

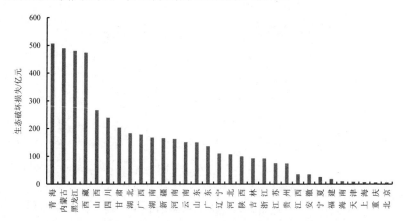

图 8-9　2013 年生态破坏损失空间分布

第 9 章

环境经济核算综合分析

2006—2013 年随着经济的快速发展，环境污染代价和所需要的污染治理投入在同步增长，环境问题已经成为我国可持续发展的主要制约因素。10 年间基于退化成本的环境污染代价从 5 118.2 亿元提高到 15 794.5 亿元，增长了 209%，年均增长 16.9%。鉴于我国在今后相当长的一段时期内仍处于工业化中、后期阶段，环境质量改善是一项长期艰巨的任务，预计今后 10~15 年还处于经济总量与生态环境成本同步上升的阶段。

9.1　我国处于经济增长与环境成本同步上升阶段

连续 10 年的核算表明我国经济发展造成的环境污染代价持续增加，10 年间基于退化成本的环境污染代价从 5 118.2 亿元提高到 15 794.5 亿元，增长了 209%，年均增长 16.9%。"十一五"期间，基于治理成本法的虚拟治理成本从 4 112.6 亿元增加到 5 589.3 亿元，增长了 35.9%。2013 年基于治理成本法的虚拟治理成本达到 6 973.3 亿元（图 9-1）。

2006—2013 年的核算结果说明，随着经济的快速发展，环境污染代价和所需要的污染治理投入同步增长，环境问题已经成为我国可持续发展的主要制约因素。对比分析我国经济增速与环境退化成本增速可知（图 9-2），2013 年，由于空气质量退化严重，导致环境退化成本增速较快，为 17.36%，超过了 GDP 的增速。鉴于我国在今后相当长的一段时期内仍处于工业化中后期阶段，环境质量改善是一项长期艰巨的任务，预计未来 10~15 年还将处于经济总量与生态环境成本同步上升的阶段。

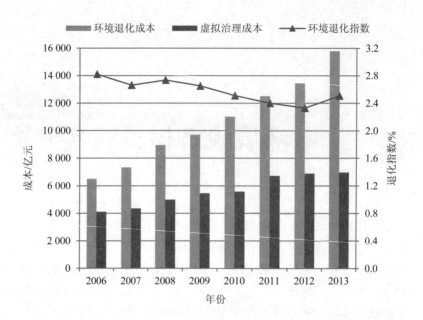

图 9-1　2006—2013 年中国环境退化成本、虚拟治理成本及环境退化指数

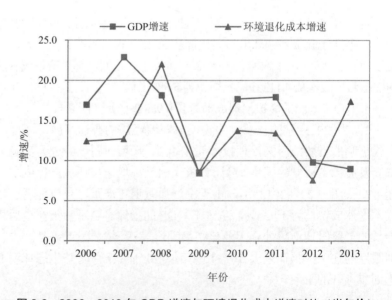

图 9-2　2006—2013 年 GDP 增速与环境退化成本增速对比（当年价）

9.2 2013年我国生态环境退化成本占GDP比重为3.3%，比2012年有所上升

以环境退化成本与生态破坏损失合计作为我国生态环境退化成本，对比分析 2008—2013 年生态环境退化成本可知，我国生态环境退化成本呈上升趋势，但生态环境退化成本占 GDP 的比重有所下降。2008 年我国生态环境退化成本为 12 745.7 亿元，占当年 GDP 的比重为 3.9%；2009 年为 13 916.2 亿元，占当年 GDP 比重为 3.8%；2010 年为 15 389.5 亿元，占 GDP 比重下降到 3.5%；2011 年为 17 271.2 亿元，占 GDP 比重为 3.3%；2012 年为 18 103.5 亿元，占 GDP 比重为 3.2%；2013 年为 20 547.9 亿元，占 GDP 比重为 3.3%（图 9-3）。

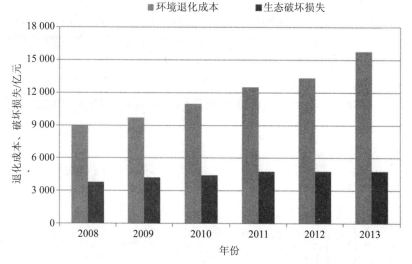

图 9-3　2008—2013 年生态环境退化成本与生态破坏损失

由于缺乏基础数据，土壤和地下水污染造成的环境损害、耕地和海洋生态系统破坏造成的损失无法计量，各项损害的核算范围也不全面，资源消耗损失没有核算，报告核算的生态环境污染损失占 GDP 的比例为 3.1%～3.9%。另根据世界银行对能源消耗、矿产资源消耗、森林资源消耗、CO_2 排放以及颗粒物排放等不同口径的资源耗减成本与污染损失的核算结果，我国在 2004—2012 年资源环境损失占 GDP 的比重呈先上升后下降的趋势，由 2004 年的 7.1%上升到 2008 年的 10%，后下降到 2012 年的 5.8%。2008 年，美国、日本、英国、德国、法国等发达国家资源环境损失占 GDP 比重分别为 5%、5%、2.3%、

0.5%、0.1%[①]，我国资源环境成本占 GDP 的比重都高于这些国家，我国现阶段的经济发展依然严重依赖对资源环境的破坏性消耗，高投入、高消耗、低产出、低效率的问题依然突出。

9.3 生态环境退化成本空间分布不均，生态破坏损失主要分布在西部地区，环境退化成本主要分布在东部地区

2013 年，我国生态环境退化成本共计 20 547.9 亿元[②]，其中，东部地区生态环境退化成本最大，为 9 209.6 亿元，占全国生态环境退化成本的 45%；中部地区生态环境退化成本为 5 102.3 亿元，占比为 25%；西部地区生态环境退化成本为 6 144.6 亿元，占比为 30%。具体从各省份看，河北（1 881.2 亿元）、山东（1 692.8 亿元）、江苏（1 323.9 亿元）、河南（1 147.7 亿元）、广东（1 110 亿元）5 个省份的生态环境退化成本较高，占全国生态环境退化成本的 35.1%。海南（50.5 亿元）、宁夏（178.6 亿元）、江西（284.2 亿元）、吉林（354.3 亿元）、天津（354.6 亿元）生态环境退化成本较低，占全国生态环境退化成本的 6%（图 9-4）。

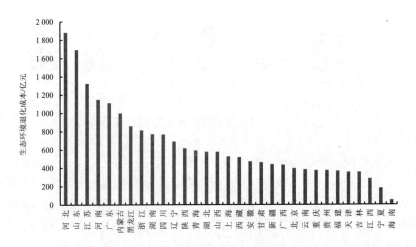

图 9-4   2013 年生态环境退化成本空间分布

---

①http://siteressources.worldbank.org/ENVIRONMENT/Resources.
②由于缺乏分省份的渔业污染事故损失数据，因此，东部、中部、西部合计的生态环境损失合计不等于全国合计的生态环境损失。

　　我国生态破坏损失和环境退化成本的空间分布很不均衡，生态破坏损失主要分布在西部地区，环境退化成本主要分布在东部地区。由图 9-5 可知，我国东部地区的环境退化成本占全国环境退化成本的 54.1%，西部地区的生态破坏损失占全国生态破坏损失的 55.0%。进一步分析不同区域的生态环境退化指数可知，西部地区生态环境退化指数高于中部、东部地区（图 9-6）。西部地区生态环境退化指数 4.9%，中部地区 3.3%，东部地区 2.6%，生态环境退化对西部地区的影响更为严重。从各省份来看，2013 年，GDP 环境退化指数较高的省份为河北（6.3%）、宁夏（6.0%）、甘肃（4.1%）、青海（4.0%）和贵州（3.8%），比重较低的省份为江西（1.7%）、福建（1.6%）、广东（1.6%）、湖北（1.6%）和海南（1.3%）。考虑生态环境退化成本后，生态环境退化指数最高的为青海（28.2%）、甘肃（7.4%）、宁夏（7.0%）、河北（6.6%）、黑龙江（6.0%）、山西（4.6%）。这些省份除河北外，都属于中西部地区，且多为欠发达资源富集省份。

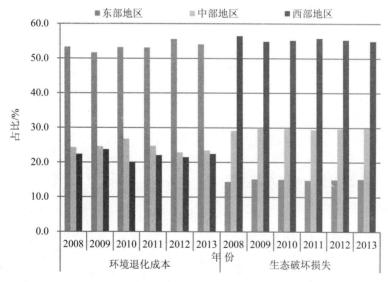

图 9-5　东部、中部、西部地区环境退化成本和生态破坏损失所占比重

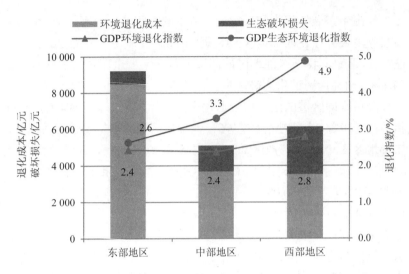

图 9-6　2013 年地区生态环境退化成本及 GDP 生态环境退化指数

　　生态环境退化指数低的省份都位于东部地区，欠发达地区经济增长的资源环境代价高于发达地区。如果把生态环境退化成本从区域 GDP 中扣减掉，西部地区与东部地区的经济发展差距会进一步拉大。西部地区生态环境脆弱，经济发展的资源环境代价大，我国在进行产业转移和产业空间布局时，需要充分考虑西部地区脆弱的生态环境承载力。例如，近期腾格里沙漠排污事件中，企业将排污管道直接引入沙漠内部排放，由于细沙渗透率高，污水一旦下渗极易污染地下水，对该地区主要水源水质构成威胁。此外，发展工业大量抽取地下水会导致沙漠地区地下水位下降，提前透支沙漠这类严重缺水地区的水资源。长此以往，将会破坏沙漠地区原有的生态平衡。因此在西部地区经济发展中应坚持保护优先原则。

9.4　2013 年灰霾污染严重，大气污染导致的健康损失增加，造成 52 万人过早死亡

　　2013 年，我国爆发了大范围的空气污染，呈现持续时间长、扩散范围广、污染浓度高等特征，引起了国内外的高度关注。2013 年 1 月的灰霾污染事件中，中国 29 个省份的空气质量指数超标，其中 27 个省市的空气质量达到重度污染或严重污染级别，京津冀、长江三角洲和珠江三角洲等人口稠密、经济发达的地区，灰霾尤为严重。2013 年，在几次大规模的灰霾污染影响下，大气环境质量逐步改善的趋势

被逆转。2013 年，SO_2 平均质量浓度为 0.040 mg/m^3，达标城市比例为 86.5%；NO_2 平均质量浓度为 0.044 mg/m^3，达标城市比例为 39.2%；PM_{10} 平均质量浓度为 0.118 mg/m^3，达标城市比例为 14.9%；$PM_{2.5}$ 平均质量浓度为 0.072 mg/m^3，达标城市比例为 4.1%。74 个新标准第一阶段监测实施城市中，三大重点区域京津冀和珠三角区域所有城市均未达标，京津冀区域 $PM_{2.5}$ 平均质量浓度为 0.106 mg/m^3、PM_{10} 平均质量浓度为 0.181 mg/m^3，所有城市 $PM_{2.5}$ 和 PM_{10} 均超标；长三角区域 $PM_{2.5}$ 平均质量浓度为 0.067 mg/m^3，珠三角区域 $PM_{2.5}$ 平均质量浓度为 0.047 mg/m^3，所有城市均超标。

灰霾天气给人们的生活和人体健康造成严重影响，美国健康效应研究所（HEI）研究显示，$PM_{2.5}$ 已成为影响我国公众健康的第四大危险因素。大气污染对人体健康的影响，按照其暴露持续时间和作用机制，分为短期暴露的急性效应和长期暴露的慢性效应。1952 年冬伦敦烟雾事件导致的急性死亡人数是 4 000 多人，慢性死亡人数是 8 000 人，共计 1.2 万人。本报告没有核算灰霾短期暴露的急性效应，只是对大气污染的长期慢性效应进行核算，核算结果显示，2013 年，我国大气污染导致的城镇过早死亡人数为 52.2 万人，占 2013 年死亡人数的 9.4%，比 2012 年增加 17%。其中，京津冀都市圈大气污染导致的城镇过早死亡人数为 5.77 万人，占 2013 年城镇死亡人数的 14.5%。长江三角洲大气污染导致的城镇过早死亡人数为 7.8 万人，占 2013 年城镇死亡人数的 11.8%。珠江三角洲大气污染导致的城镇过早死亡人数为 3.9 万人，占城镇死亡人数的 11.5%。2013 年，大气污染导致的环境损失为 8 611 亿元，占全部环境损失的 40.4%。

为加强大气污染治理力度，2013 年，国务院发布了《大气污染行动计划》，提出到 2017 年，全国地级及以上城市可吸入颗粒物质量浓度比 2012 年下降 10% 以上，优良天数逐年提高；京津冀、长三角、珠三角等区域细颗粒物质量浓度分别下降 25%、20%、15% 左右，其中北京市细颗粒物年均质量浓度控制在 60μg/m^3 左右，力争用 5 年或更长时间，逐步消除重污染天气。

9.5　污染物排放量下降与环境质量改善脱节

自实施污染减排总量控制政策以来，我国污染物排放量呈逐年下降趋势。COD 排放量从 2005 年的 554.7 万 t 下降到 2013 年的 319.5 万 t，排放量下降了 42.4%；COD 去除率从 2005 年的 58% 上升到 2013

年的 85.6%。SO_2 排放量从 2005 年的 2 168.4 万 t 下降到 2013 年的 1 835.2 万 t，排放量下降了 15.4%，SO_2 去除率从 2005 年的 32.4%增加到 2013 年的 71%。但环境质量改善效果仍不尽如人意。2013 年全国地表水总体虽为轻度污染，可部分城市河段污染较重，全国十大水系中，Ⅳ类以上水质占比为 28.3%，国控重点湖泊水质 40%污染，其中中度和重度污染占比为 13.1%；31 个大型淡水湖泊中，6 个湖泊为重度污染。全国 4 778 个地下水水质监测点中，较差的监测点比例为 43.9%，极差的比例为 15.7%。2013 年大气环境质量呈恶化趋势，爆发了几次大规模的灰霾污染。2013 年 1 月的大规模污染事件中，35%的监测城市空气质量为严重污染或重度污染。以人口加权的 PM_{10} 质量浓度自 2005 年以来，首度超过了 0.1 mg/m^3。

导致污染物排放量下降与环境质量改善脱节的原因主要可归结为 3 点：①污染物排放总量统计数据主要为大点源统计数据，大量小点源数据与面源数据未进入统计范围。通过对河北省 2012 年环境统计数据与排污申报数据的比较，发现企业数量相差 4 372 家，约占总企业数量的 25%，实际污染物排放量可能远高于统计数据。②排放量的降低对环境质量的改善有一定的滞后性。③环境容量有限性是影响环境质量改善的主要因素。虽然现在污染物排放量呈降低趋势，但如果污染物排放量已经接近或超过环境容量的极限值，即使排放量下降，可能环境质量的改善也有限。

9.6 单位 GDP 物质消耗首次出现下降，资源使用效率初步得到提升

2006—2011 年我国直接物质投入（DMI）和本地物质消耗（DMC）均增速较快，2012 年物质消耗增长趋势得到初步遏制，首次出现下降趋势。"十一五"期间，直接物质投入从 80 亿 t 增加到 120 亿 t，2011 年直接物质投入达到了 140 亿 t，比 2010 年增加了 17.6%。2012 年，本地物质投入和本地物质消耗分别为 131.34 亿 t 和 117.72 亿 t，比上年下降 6.17%和 6.18%。

"十一五"到 2012 年以来，人均本地采掘、本地物质投入和本地物质消耗呈增加趋势。"十五"期间，我国人均本地采掘、人均本地物质投入和人均本地物质消耗呈现相对低速的增加，"十一五"时期以来，这三项指标的增速相对较快，其中，2006—2012 年，人均本地采掘由 5.6 t/人增加到 8.2 t/人，人均本地物质投入由 6.3 t/人增加到

9.7 t/人，人均本地消耗由 5.4 t/人增加到 8.7 t/人。人均本地物质投入增长的速度大于本地采掘的增速，说明我国对外部资源的依赖程度在不断增加。

从我国经济增长的资源生产力指标看，我国的资源产出率在逐年提高，由 2006 年的 320 美元/t 上升到 2012 年的 447.8 美元/t，但总体资源产出率较低，在国际上处于下游水平（先进国家 2 500～3 500 美元/t）。当前，我国本地物质消耗已达到 117.7 亿 t，且资源产出率较低，依靠资源高投入的经济发展整体局面与模式并未得到明显改善。

第二部分
中国环境经济核算研究报告
2014

广西龙胜（陈金华　摄影）

第 10 章
引言

GDP 是考察宏观经济的重要指标，是对一国总体经济运行表现做出的概括性衡量。但现行的国民经济核算体系有一定的局限性：①不能反映经济增长的全部社会成本；②不能反映经济增长的方式以及增长方式的适宜程度和为此付出的代价；③不能反映经济增长的效率、效益和质量；④不能反映社会财富的总积累，以及社会福利的变化；⑤不能有效衡量社会分配和社会公正。

为此，国际上从 20 世纪 70 年代开始研究建立绿色国民经济核算体系，它在传统的 GDP 核算体系中扣除自然资源耗减成本和环境退化成本，以期更加真实地衡量经济发展成果和国民经济福利。在挪威、美国、荷兰、德国开展自然资源核算、环境污染损失成本核算、环境污染实物量核算、环境保护投入产出核算工作的基础上，联合国统计署（UNSD）于 1989 年、1993 年、2003 年和 2013 年先后发布并修订了《综合环境与经济核算体系（SEEA）》，为建立绿色国民经济核算总量、自然资源和污染账户提供了基本框架。欧洲议会于 2011 年 6 月初通过了"超越 GDP"决议以及一项作为重要解决手段的欧洲环境问题新法规——环境经济核算法规，象征着欧盟在使用包括 GDP 在内的多元指标衡量问题方面成功迈进了一步。欧盟、欧洲议会、罗马俱乐部、经合组织和世界自然基金会组织的超越 GDP 会议，有来自 50 个国家的 650 个代表参加，对提高真实财富和国家福利的测算方法和实施进程进行了重点讨论，会议在 Nature 杂志上进行了专题报道。

自党的十八大提出把资源消耗、环境损害、生态效益等指标纳入经济社会发展评价体系后，2015 年 1 月实施的新《环境保护法》也要求地方政府对辖区环境质量负责，建立资源环境承载力监测预警机制，实行环保目标责任制和考核评价制度。2015 年 4 月发布的

《中共中央 国务院关于加快推进生态文明建设的意见》，提出以健全生态文明制度体系为重点，优化国土空间开发格局，全面促进资源节约利用，加大自然生态系统和环境保护力度，大力推进绿色发展、循环发展、低碳发展。同时，随着"大气十条""水十条"和"土十条"的陆续颁布，中国绿色 GDP 核算引起了社会各界的高度关注。2015 年，环境保护部启动了绿色 GDP 2.0 工作，加强了环境经济核算工作，在绿色 GDP 1.0 的基础上，新增了环境容量核算为基础的环境承载力研究，开展环境绩效评估，进行经济绿色转型政策研究，探索环境资产核算与应用长效机制，核算经济社会发展的环境成本代价。

以环境保护部环境规划院为代表的技术组已经完成了 2004—2014 年共 11 年的全国环境经济核算研究报告[①]，核算内容基本遵循联合国发布的 SEEA 体系，但不包括自然资源耗减成本的核算。11 年的核算结果表明，我国经济发展造成的环境污染代价持续增长，环境污染治理和生态破坏压力日益增大，11 年间基于退化成本的环境污染代价从 5 118.2 亿元提高到 18 218.8 亿元，增长了 256%，年均增长 13.5%。虚拟治理成本从 2 874.4 亿元提高到 6 931.9 亿元，增长了 141.2%。2014 年环境退化成本和生态破坏损失成本合计 22 975.0 亿元，约占当年 GDP 的 3.4%。

在环境经济核算账户中，为了充分保证核算结果的科学性，在核算方法上不够成熟以及基础数据不具备的环境污染损失和生态破坏损失项没有计算在内，目前的核算结果是不完整的环境污染和生态破坏损失代价。本研究报告中的环境污染损失核算，包括环境污染实物量和价值量核算，价值量核算采用治理成本法和污染损失法计算环境污染虚拟治理成本和环境退化成本。其中，环境退化成本存在核算范围不全面、核算结果偏低的问题。生态破坏损失仅包括森林、湿地、草地和矿产开发造成的地下水破坏和地质塌陷等的生态破坏经济损失，耕地和海洋生态系统没有核算，已核算出的损失也未涵盖所有应计算的生态服务功能。

目前，基于环境污染的绿色国民经济年度核算报告制度已初步形成。2014 年核算报告重点对 2014 年和 2006—2014 年的中国环境经济核算结果做了系统全面的总结和分析，由 9 个部分组成：第 10 章

[①]鉴于目前开展的核算与完整的绿色国民经济核算还有差距，从 2005 年起这项研究从最初的"绿色国民经济核算研究"更名为"环境经济核算研究"，研究报告名称也调整为《中国环境经济核算研究报告》，即绿色 GDP 1.0 的研究报告，本报告也是绿色 GDP 2.0 的主要内容之一。

为引言；第 11 章为污染物排放与碳排放账户；第 12 章为环境质量账户；第 13 章为物质流核算账户；第 14 章为环境保护支出账户；第 15 章为 GDP 污染扣减指数核算账户；第 16 章为环境退化成本核算账户；第 17 章为生态破坏损失核算账户；第 18 章为环境经济核算综合分析。

专栏10.1　2014年环境经济核算数据来源

2014 年环境经济核算以环境统计和其他相关统计为依据,就 2014 年全国 31 个省份和各产业部门的水污染、大气污染和固体废物污染的实物量和虚拟治理成本进行了全面核算, 得出了经环境污染调整的 GDP 核算结果以及全国 30 个省份（未包括西藏）的环境退化成本、生态破坏损失及其占 GDP 的比例。报告基础数据来源包括《中国统计年鉴 2015》《中国环境统计年报 2014》《中国城乡建设统计年鉴 2014》《中国卫生统计年鉴 2015》《中国乡镇企业年鉴 2015》《2008 中国卫生服务调查研究——第四次家庭健康询问调查分析报告》《中国环境状况公报 2014》以及 30 个省份的 2015 年度统计年鉴, 环境质量数据和环境统计基表数据由中国环境监测总站提供。

生态破坏损失核算基础数据主要来源于全国第 7 次（2004—2008年）和第 6 次（1999—2003 年）森林资源清查、全国湿地资源调查(1995—2003 年)、全国矿山地质环境调查（2002—2007 年）、全国第三次荒漠化调查（2004—2005 年）、全国 674 个气象站点数据、中国农业科学院 MODIS/NDVI 遥感数据、《中国土壤志》、美国 NASA 网站数字高程数据、全国草原监测报告、国家价格监测中心、芝加哥温室气体交易所碳排放交易价格、市场调查以及相关研究数据。

第11章
污染物排放与碳排放账户

实物量核算账户的构建是环境经济核算的第一步。本章实物量核算账户主要包括水污染、大气污染、固体废物以及碳排放 4 个子账户。

2014 年废水排放量为 950.0 亿 t，较上年增加了 2.2%；COD 排放量为 2 273.2 万 t，较上年降低了 2.4%。2014 年 SO_2 排放量为 1 974.2 万 t，较上年减少了 3.4%；NO_x 排放量为 2 073.7 万 t，较上年下降了 6.9%。

专栏 11.1　环境污染实物量核算

2011 年以前的环境经济核算报告，环境污染实物量核算以环境统计为基础，核算全口径的主要污染物产生量、削减量和排放量。但 2011 年以来，环境统计扩大了核算范围，开展了农业面源污染统计和交通源污染统计，因此，环境经济核算报告中的环境污染实物量数据不再进行核算，与环境统计保持一致。导致 2011 年之后的核算实物量数据与以前数据相比在趋势和范围上有所变化，主要原因包括：

(1) 2011 年之前，交通源产生的 NO_x 排放量数据基于《中国环境经济核算技术指南》中的核算方法得出，2011 年之后，环境统计开始对交通源 NO_x 排放量进行统计，但年报中 NO_x 排放量数据较之前核算结果大，造成 2011 年以后 NO_x 的实物量数据增幅较大。

(2) 2011 年之前，农业源的污染物实物量数据基于《中国环境经济核算技术指南》中的农业源污染物核算方法得出。现采用环境统计中农业源污染物排放量数据。

（3）2011 年之前，在水污染污染物实物量核算中，核算报告核算了农村生活的各种水污染实物量数据，2011 年以后，农村生活的水污染实物量数据不再核算，水污染实物量数据与环境统计保持一致。

碳排放账户基于能源消费量与 IPCC 提供的碳排放因子与中国能源品种低位发热量数据核算获得；环境质量和环保投入账户采用国家环境统计和环境质量监测数据。

11.1 水污染排放[①]

11.1.1 水污染排放量

（1）2014 年我国废水排放量略有增加。2014 年废水排放量为 950.0 亿 t，2013 年为 929.5 亿 t，比 2013 年增长了 2.2 个百分点。

（2）COD 排放总量呈下降趋势。2014 年 COD 排放量为 2 273.2 万 t，2013 年 COD 排放量为 2 329.9 万 t，比 2013 年减少 2.4%。其中农业 COD 排放量为 1 097.4 万 t，较 2013 年减少 2.1%；工业 COD 排放量为 311.4 万 t，比 2013 年减少 2.5%；生活源 COD 排放量为 864.4 万 t，比 2013 年减少 2.9%。"十二五"期间，COD 排放总量呈下降趋势（图 11-1）。

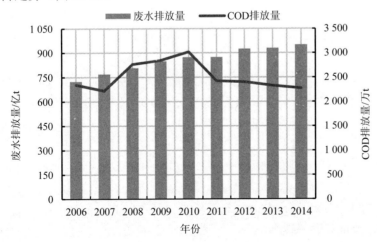

图 11-1　废水和 COD 排放量

①本节数据主要来源于环境统计年报。

（3）农业是 COD 排放的主要来源。2014 年，农业源 COD 排放量占总 COD 排放量的 48%；生活源占 38%；工业源占 14%（图 11-2）。

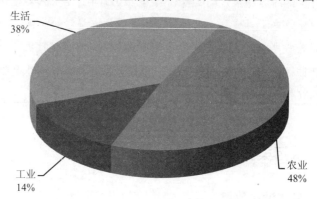

图 11-2　2014 年 COD 排放来源

（4）氨氮排放量呈降低趋势。2014 年氨氮排放量为 236.6 万 t，2013 年为 243.6 万 t，2014 年较上年减少了 2.9%。

11.1.2　水污染排放绩效

（1）2014 年工业行业 COD 去除率基本维持在 2013 年水平。2006—2013 年工业行业 COD 平均去除率逐年上升，2014 年工业行业 COD 去除率为 85.4%，与 2013 年基本相同。

（2）COD 排放大户——食品加工业的 COD 去除率仍低于全国平均水平。造纸、食品加工、化工、纺织以及饮料制造业是工业 COD 排放量最大的 5 个行业，其 COD 排放量之和占工业 COD 总排放量的 61.9%。2014 年，这 5 个行业的污染物去除率分别为 88.8%、78.5%、84.0%、84.5% 和 91.4%。食品加工业 COD 去除率低于全国平均水平 7.4 个百分点，有较大的提升空间，需加大对食品加工业等重点水污染行业的监管（图 11-3）。

（3）单位工业增加值的 COD 产生量和排放量都呈下降趋势。单位工业增加值的 COD 产生量和排放量分别从 2006 年的 18.3 kg/万元和 7.3 kg/万元下降到 2014 年的 7.8 kg/万元和 1.1 kg/万元，工业废水的排放绩效显著提高。

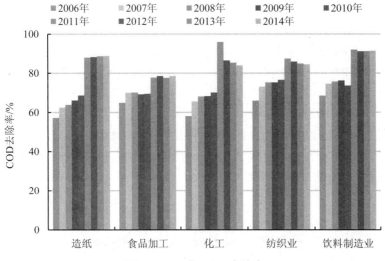

图 11-3　工业 COD 去除率

（4）广东 COD 排放量大，但 COD 去除率较低。从空间格局角度分析，山东、广东、黑龙江、河南、河北是我国工业和城镇生活 COD 排放量最大的前 5 个省份，其 COD 排放量占总排放量的32.7%，COD 去除率分别为 84.4%、70.6%、80.4%、84.3% 和 84.1%。其中，仅广东的工业和城镇生活 COD 去除率低于全国平均水平。北京、新疆、山东、河南、河北五省的工业和城镇生活 COD 去除率相对较高，都高于 84%；仅西藏的工业和城镇生活 COD 去除率低于 60%（图 11-4）。

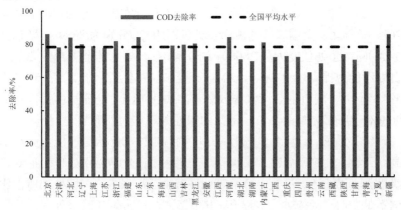

图 11-4　2014 年 31 个省份 COD 去除率

（5）黑龙江、宁夏、新疆单位 GDP 的 COD 排放量大。2014 年全国单位 GDP 的 COD 排放量为 33.2 t/万元。31 个省份中，黑龙江、宁夏、新疆是单位 GDP 的 COD 排放量最大的 3 个省份，分别为 94.5 t/万元、79.5 t/万元和 66.5 t/万元；北京、上海、天津 3 个直辖市单位 GDP 的 COD 排放量最低，其中，北京万元 GDP 的 COD 排放量仅为 7.5 t。在 COD 排放量最大的 5 个省份中，黑龙江省单位 GDP 的 COD 排放量最高。从绩效角度出发，优化黑龙江、宁夏、新疆、海南、甘肃等地区产业结构，提高其废水治理能力，将对提高全国 COD 污染排放控制绩效有重要意义（图 11-5）。

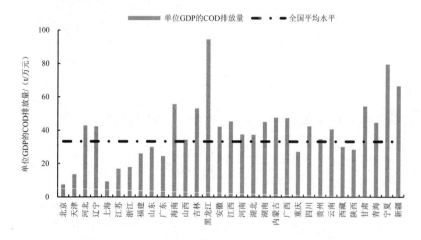

图 11-5 　2014 年 31 个省份单位 GDP 的 COD 排放量

（6）城市污水处理能力有所提高，但仍存在较大提升空间。截至 2014 年年底，全国累计建成污水处理厂由 2006 年的 939 座增加到 6 031 座；总处理能力从 2006 年的 0.64 亿 m³/d 上升至 1.77 亿 m³/d，日处理能力提高了 1.8 倍。2014 年全国城市生活污水实际处理量为 494.3 亿 t，城市生活污水排放量为 510.3 亿 t，处理量占排放量的 96.9%，仍有 3.1%的城市生活污水未经处理排入外环境。

（7）黑龙江、河北、海南等地区的城市生活污水处理能力亟待提高。天津、上海、福建、江西等 7 个地区城市生活污水处理均达到二级以上。黑龙江、河北、海南等地城市生活污水二、三级处理所占比例不足 70%，亟待进一步提升，其中黑龙江城市生活污水处理水平最低，二级以上生活污水处理比例不足 40%（图 11-6）。

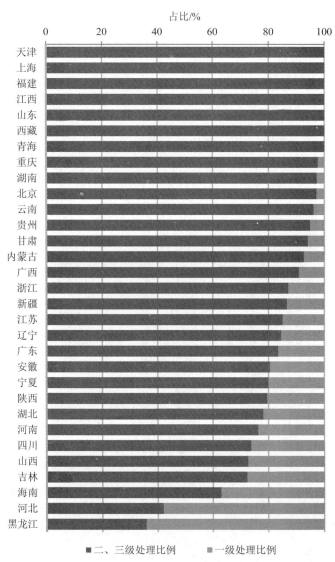

图 11-6　31 个省份城镇污水处理能力

11.2　大气污染排放

　　"十二五"期间，国家对 SO_2 和 NO_x 两项主要大气污染物实施国家总量控制和减排。2014 年我国大气污染物的排放量得到有效控制，SO_2、NO_x 等污染物都呈下降趋势。

11.2.1 大气污染排放量

（1）2014 年 SO_2 排放量较 2013 年下降了 3.4%。2014 年 SO_2 排放量 1 974.2 万 t，2013 年 SO_2 排放量为 2 043.7 万 t（图 11-7）。

（2）2014 年，NO_x 排放量较上年下降 6.9%，NO_x 总量减排工作初见成效。2014 年 NO_x 排放量 2 073.7 万 t，较 2013 年排放量（2 226.6 万 t）下降了 6.9 个百分点。"十二五"时期以来，总量减排工作持续推进，随着工业行业脱硝设施改造及技术的完善，NO_x 排放得到了初步控制（图 11-7）。

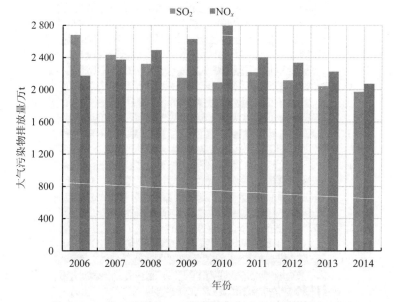

图 11-7　2006—2014 年大气污染物排放量

（3）SO_2 排放主要来源于工业行业。2014 年，工业 SO_2 排放量占总 SO_2 排放量的 88.7%，农业 SO_2 排放量占总 SO_2 排放量的 5.0%，其余 6.3% 的 SO_2 排放来自于生活源。

（4）电力、黑色冶金、非金属矿制品、化工、有色冶金、石化等行业是工业 SO_2 排放的主要行业，2014 年，这六大行业的排放量之和占工业 SO_2 总排放量的 86.6%，其中，电力行业是 SO_2 排放最大的行业，占工业 SO_2 总排放量的 39.0%（图 11-8）。

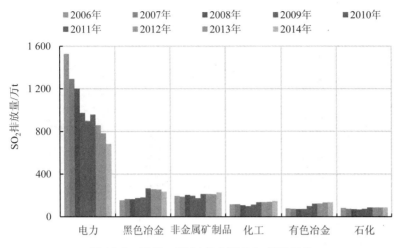

图 11-8 2006—2014 年主要 SO_2 排放行业

11.2.2 大气污染排放绩效

（1）工业 SO_2 去除率较上年略有上升，41 个工业行业中，只有 8 个行业 SO_2 去除率超过 50%。2014 年，我国工业 SO_2 去除率为 73.1%，2013 年为 71.0%，工业 SO_2 去除率较上年略有提升。

（2）六大主要污染行业中，电力行业和有色冶金行业 SO_2 去除率高于工业行业平均水平。电力生产、黑色冶金、非金属矿制品、化工、有色冶金和石化行业是大气污染 SO_2 主要排放源，其中，电力行业 SO_2 去除率 80.6%，有色冶金业 SO_2 去除率 89.2%。化工行业 SO_2 去除率大幅下跌，较 2013 年降低了 21.4 个百分点，重回 50% 以下，需重点关注脱硫设施运行和维护情况（图 11-9）。

（3）黑色冶金和非金属矿制品的废气治理水平亟待提高。黑色冶金和非金属矿制品 SO_2 排放量之和占工业 SO_2 总排放量的 26.7%，两行业 SO_2 去除率低于 40%；同时，这两个行业的 NO_x 排放占工业 NO_x 排放量的 29.8%，NO_x 去除率都低于 20%，从提高工业废气污染物减排绩效的角度看，提高这两个行业的 SO_2 和 NO_x 去除率对于工业行业废气污染物减排具有重要意义。

（4）我国工业行业 NO_x 去除率有所上升，但仍维持在较低水平，2014 年去除率为 27.0%，较上年提高了 8.1 个百分点。除电力行业 NO_x 去除率达到 36.4%、非金属矿制品 NO_x 去除率达到 16.5% 之外，黑色冶金、化工、石化等 NO_x 排放大户的去除率都低于 10%（图 11-10）。

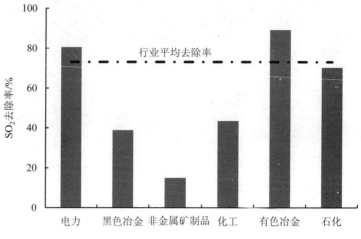

图 11-9　2014 年主要大气污染行业 SO$_2$ 去除率

（5）我国 NO$_x$ 排放量已超过 SO$_2$ 排放量，NO$_x$ 污染治理形势严峻。2014 年·NO$_x$ 的排放量为 2 073.7 万 t，超过 SO$_2$ 排放量 99.4 万 t；而 NO$_x$ 的削减水平（27.0%）远低于 SO$_2$ 的削减水平（73.1%）。"十二五"期间我国大气污染治理，尤其是 NO$_x$ 的治理形势仍然十分严峻。

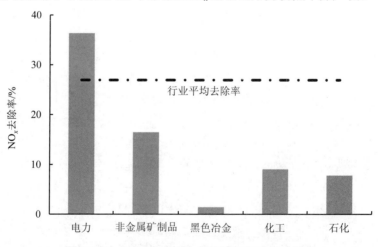

图 11-10　2014 年主要大气污染行业 NO$_x$ 去除率

（6）山东、内蒙古、山西、河南、河北是我国 SO$_2$ 排放量最大的前 5 个省份，其 SO$_2$ 排放量占总排放量的 32.9%，SO$_2$ 去除率分别为 78.8%、73.6%、73.1%、66.2% 和 68.8%。河南和河北两个省份的 SO$_2$ 去除率低于全国平均水平 73.1%。SO$_2$ 去除率较高的省份是西藏、北

京、安徽、天津和云南，去除率都高于 80%；去除率低的省份有青海
和黑龙江，其去除率都小于 60%，其中青海省只有 47.6%。2014 年全
国 SO_2 去除率低于 60% 的省份较 2013 年进一步减少，各省 SO_2 减排
工作有序推进（图 11-11）。

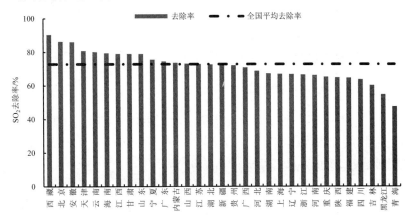

图 11-11　2014 年 31 个省份 SO_2 去除率

（7）宁夏、贵州、山西、新疆、甘肃单位 GDP 的 SO_2 排放量最
大。2014 年全国单位 GDP 的 SO_2 排放量为 2.9 kg/万元，宁夏、贵
州、山西和新疆单位 GDP 的 SO_2 排放量分别为 13.7 kg/万元、10.0 kg/
万元、9.5 kg/万元和 9.2 kg/万元；北京、西藏、上海和海南等单位
GDP 的 SO_2 排放量较低，都在 1.0 kg/万元以下。其中，北京单位 GDP
的 SO_2 排放量最低，仅为 0.4 kg/万元。从绩效的角度出发，控制山西、
贵州等污染排放主要地区的 SO_2 排放，有利于提高 SO_2 污染排放控制
绩效的整体水平（图 11-12）。

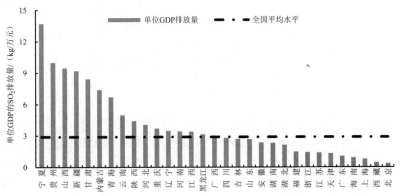

图 11-12　2014 年 31 个省份单位 GDP 的 SO_2 排放量

11.3　固体废物排放

　　随着工业发展以及城镇人口和生活水平的提高，我国固体废物产生量呈逐年增加趋势。2014 年我国工业固体废物产生量为 32.6 亿 t，较 2006 年增加了 1.2 倍，一般工业固体废物的综合利用量、贮存量和处置量分别为 20.4 亿 t、8.3 亿 t 和 4.3 亿 t[①]，占比分别为 62%、25%和 13.0%，固体废物排放量为 0.13 亿 t。

11.3.1　固体废物排放绩效

　　（1）2014 年工业固体废物产生量较上年略有下降。2006—2013 年，我国工业固体废物产生量增加了 117.1%，2014 年工业固体废物产生量为 32.6 亿 t，比 2013 年减少 0.6%。

　　（2）工业固体废物的排放量呈逐年下降趋势。一般工业固体废物排放量从 2006 年的 1 302.1 万 t 下降到 2014 年的 58 万 t，较 2006 年降低了 95.5%。自 2008 年起，我国危险废物实现了零排放（图 11-13）。

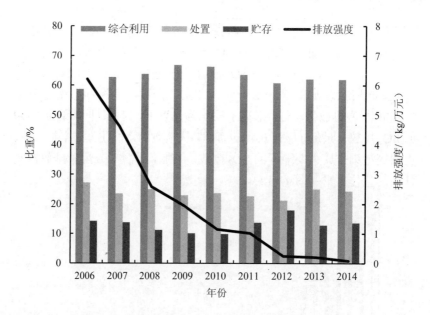

图 11-13　一般工业固体废物不同处理方式比重和排放强度

---

①当年一般工业固体废物的综合利用量、贮存量、处置量包括利用、贮存和处置上年的量，因此，
3 项合计大于当年一般工业固体废物产生量。

（3）城镇生活垃圾产生量逐年上升。城镇生活垃圾产生量由 2006 年的 1.9 亿 t 上升到 2014 年的 2.4 亿 t，年均增速为 3.3%，与城镇人口的年均增速持平。

（4）城镇生活垃圾排放量年际变化明显，人均生活垃圾排放量较 2013 年减少了 6.1%。2006 年生活垃圾排放量为 7 859.2 万 t，2014 年增加到 7 939.4 万 t，人均生活垃圾排放量由 2006 年的 134.8 kg/人下降到 2014 年的 105.3 kg/人，降低了 21.9%。

11.3.2　固体废物综合处置情况

（1）综合利用是工业固体废物最主要的处理方式。一般工业固体废物的综合利用量从 2006 年的 9.26 亿 t 增加到 2014 年的 20.4 亿 t，增加了 1.2 倍。2014 年工业固体废物综合利用率为 62.8%，与 2013 年持平。

（2）危险废物综合利用率上升。危险废物的综合利用率在 2010 年达到 61.6% 后回落至 60% 以下，2014 年危险废物综合利用率为 56.7%（图 11-14）。

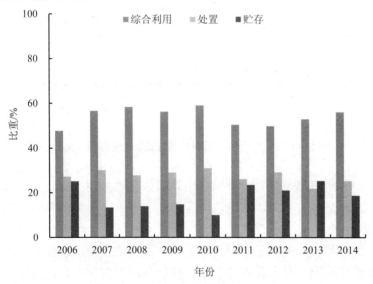

图 11-14　危险废物不同处理方式比重

（3）工业固体废物产生强度和排放强度都呈下降趋势。其中，单位 GDP 的工业固体废物产生量从 2006 年的 716.1 kg/万元下降到 2014 年的 481.1 kg/万元，排放强度从 2006 年的 6.2 kg/万元下降到 2014 年的 0.1 kg/万元，生产环节的资源利用率得到有效提高。

（4）黑色采选、有色采选、煤炭采选、化工和电力行业是工业固体废物贮存和排放的主要行业，其固体废物贮存量与排放量占总贮存量和排放量的 88.6%，是提高工业固体废物综合利用水平的关键。

（5）城镇生活垃圾的无害化处理率提高，简易处理的比例显著下降。2014 年生活垃圾处理率为 67.4%，其中简易处理的比例为零。生活垃圾无害化处理率显著提高，从 2006 年的 41.8%上升到 2014 年的 67.4%，增加了 15.6 个百分点（图 11-15）。

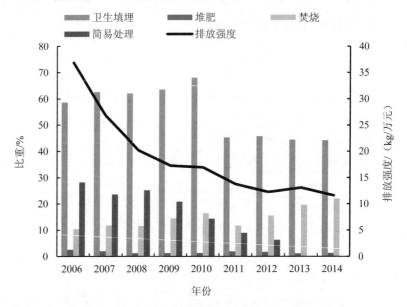

图 11-15　生活垃圾不同处理方式比重和排放强度

（6）卫生填埋是目前我国生活垃圾的主要处理方式。我国城镇生活垃圾处理主要采用填埋、焚烧和堆肥等方法。2007 年以来，卫生填埋占生活垃圾处理量的比重保持在 60%以上。垃圾焚烧处理比例占生活垃圾总处理量比例逐年上升。不同垃圾处理方法对垃圾的成分要求不同，目前我国高水平垃圾处理能力较小、处理设施技术水平较低。

（7）卫生填埋的有机物可能会发生厌氧分解，释放甲烷等温室气体；卫生填埋产生的渗滤液也有可能对地下水造成污染。加强生活垃圾卫生填埋场所的监测监管对于严防垃圾填埋对地下水的污染和温室气体排放具有积极意义。

（8）强化生活垃圾分类处理，提高垃圾处理的针对性。2000—2004

年，我国开始在北京、上海等主要城市开展垃圾分类投放和处理的试点工作，随着各项宣传教育活动的开展，居民垃圾分类回收意识有所加强，但整体形势仍不容乐观。人工分类运输操作成本过高，垃圾处理技术落后，回收技术及管理水平远远落后于管理需求。

11.4　碳排放

全球气候变化已成为不争的事实。IPCC 第四次评估报告明确提出全球气温变暖有 90%的可能是由于人类活动排放温室气体形成增温效应导致。21 世纪以来，世界碳排放量呈逐年增长趋势。

11.4.1　全球碳排放

根据欧盟 PBL NEAA 环境评估机构统计结果[1]，2014 年全世界 CO_2 排放量为 357 亿 t，较 2011 年 CO_2 排放量（340 亿 t）增长了 5.0%，是 2006 年排放量的 1.18 倍（图 11-16）。

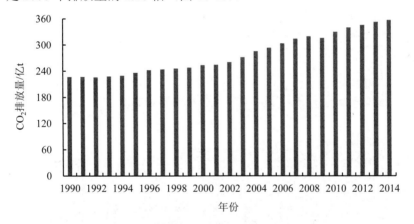

图 11-16　世界 CO_2 排放量（1990—2014 年）

根据欧盟 PBL NEAA 环境评估机构统计结果，2014 年全世界碳排放前六名的国家依次为中国、美国、印度、俄罗斯、日本和德国。该机构发布的数据结果显示，2006 年中国碳排放首次超越美国，成为世界碳排放第一的国家，2006—2014 年，中国 CO_2 排放量从 65.1 亿 t 上升到 106.4 亿 t，增长了 63.4%（图 11-17）。

---

[1]PBL Netherlands Environmental Assessment Agency. Trends in Global CO_2 Emission：2015 report.

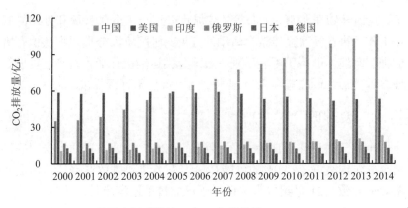

图 11-17　世界主要碳排放国家 CO_2 排放量（2000—2014 年）

11.4.2　全国碳排放[①]

（1）根据核算结果，2013 年我国一次能源 CO_2 排放量达 91.9 亿 t，比 2012 年增长了 15.6%。我国正处于工业化中期阶段，CO_2 排放量在一段时间内仍将呈增加趋势，CO_2 减排任务艰巨。

（2）由于对化石能源的巨大需求，我国的碳排放增长迅速。"十二五"时期以来，我国碳排放量逐年增加，2011 年首次突破 20 亿 t，2013 年全国碳排放总量达到 25.1 亿 t，较 2006 年增加了 48.8%（图 11-18）。

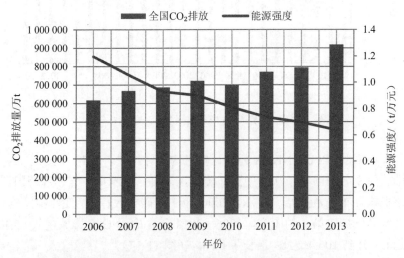

图 11-18　我国的 CO_2 排放和能源强度（2006—2013 年）

---

①由于 2014 年的《能源统计年鉴》分行业的数据尚未发布，本报告分行业的碳排放计算基准为 2013 年。

（3）我国能源强度总体呈下降趋势。万元 GDP 能源强度从 2006 年的 1.20 t/万元下降到 2013 年的 0.64 t/万元，能耗强度降低了 46.7%。

（4）工业仍是我国控制碳排放增长的重点领域，生活源碳排放呈增长趋势。农业、建筑业和批发零售业的碳排放较少，占全部终端能源碳排放的 5.6% 左右，与 2012 年持平；生活能源消费的排放占 10.7%，交通运输占 7.6%。

（5）2013 年工业行业终端能源利用的碳排放占全部终端能源碳排放的 71.3%，较 2012 年下降了 2.6 个百分点。我国的碳排放主要分布在黑色冶金、化工、非金属矿制品、有色冶金、电力等工业行业。其中黑色冶金、化工和非金属矿制品三大行业碳排放占全部终端能源排放的 41.1%（图 11-19）。

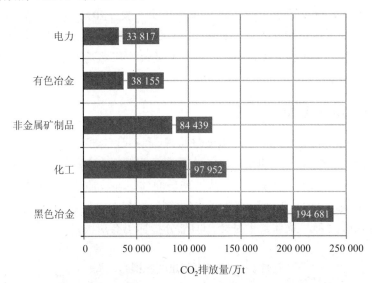

图 11-19　2013 年主要 CO_2 排放行业的 CO_2 排放量

第 12 章

环境质量账户

2006—2014 年我国环境质量有所改善，总体趋于好转，但部分指标仍有所波动。全国地表水水质、主要江河水质保持稳定，全国湖泊（水库）污染依然严重，近岸海域水质一般。2014 年，我国城市大气环境质量有所改善。$PM_{2.5}$ 是我国超标天数中最主要的首要污染物，大气环境质量呈现自南向北逐步趋差的空间格局。全国城市声环境质量总体较好。

12.1 环境质量

从能够基本反映我国环境质量状况、具有比较连续监测数据的环境指标中选取代表性的指标，建立环境质量账户，除直接反映环境质量指标外，还反映治理水平，从治理层面体现环境质量变动原因。表12-1 为我国近 10 年的环境质量变化趋势，数据反映我国近年来环境质量有所改善，总体趋于好转，但部分指标仍有所波动。

表 12-1　环境质量账户变化趋势

单位：%（PM_{10} 质量浓度除外）

	指标	2006年	2007年	2008年	2009年	2010年	2011年	2012年	2013年	2014年
地表水环境	主要江河监测断面劣于Ⅴ类的比例	26.0	23.6	20.8	20.6	16.4	13.7	10.2	9.0	9.0
	近岸海域水质监测点位劣于Ⅳ类的比例	17.0	18.3	12.0	14.4	18.5	16.9	18.6	18.6	18.6
	工业废水 COD 去除率	60.3	66.2	68.8	75.0	79.8	90.6	86.9	85.6	85.4
	城市污水处理率	56	59	65.3	72.3	76.9	82.6	84.9	87.9	90.2
大气环境	空气质量达标城市比例 [1]	62.4	69.8	76.9	82.4	82.7	88.8	91.4	4.1	9.9
	经人口加权的城市 PM_{10} 质量浓度/（$μg/m^3$）	98.6	88.4	85.0	82.3	83.0	80.9	82.7	105.2	100.5
	工业废气二氧化硫（SO_2）去除率	37.4 [3]	44.1 [3]	53.4 [3]	60.6	64.4	67.7	68.9	71.1	73.1
	工业废气氮氧化物（NO_x）去除率 [2]	2.0	6.52	5.44	5	4.8	4.9	6.8	18.9	24.0
固体废物	工业固体废物综合利用率 [2]	60.9	62.8	64.3	67.8	67.1	62.0	64.0	62.8	62.8
	城镇生活垃圾无害化处理率	41.8	49.1	51.9	54.7	57.3	79.8	84.8	89.3	91.8

指标		2006年	2007年	2008年	2009年	2010年	2011年	2012年	2013年	2014年
声环境	区域声环境质量高于较好水平城市占省控以上城市比例	68.8	72.0	71.7	76.1	73.7	77.9	79.4	76.9	73.4

注: 1)2013年后逐步执行《环境空气质量标准》(GB 3095—2012),2013年为第一阶段,开展空气质量新标准监测的地级及以上城市 74 个,海口、舟山和拉萨 3 个城市空气质量达标;2014年为第二阶段,开展空气质量新标准监测的地级及以上城市 161 个,舟山、福州、深圳、珠海、惠州、海口、昆明、拉萨、泉州、湛江、汕尾、云浮、北海、三亚、曲靖和玉溪共 16 个城市空气质量达标;
2)中国环境经济核算结果;
3)其他数据来源:中国环境统计年报、中国环境状况公报和中国统计年鉴。

12.2 地表水环境

12.2.1 水质情况

（1）地表水水质与上年基本持平。2014 年，968 个国控断面监测结果显示，Ⅰ类水质断面占 3.4%，同比上升 0.7%；Ⅱ类占 30.4%，同比下降 0.5%；Ⅲ类占 29.3%，同比下降 1%；Ⅳ类占 20.9%，同比上升 0.4%；Ⅴ类占 6.8%，同比上升 1.5%；劣Ⅴ类占 9.2%，同比下降 1.1%（图 12-1）。高锰酸盐指数年均质量浓度 3.9 mg/L，氨氮年均质量浓度 0.80 mg/L。

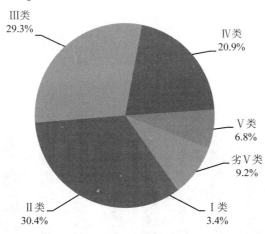

图 12-1 地表水质国控断面比例（2014 年）

（2）主要江河水质基本稳定。相比 2013 年，2014 年七大流域、浙闽片、西北、西南诸河及南水北调总体水质趋稳，海河、淮河、黄河等重点流域水质较差。氨氮、总磷以及部分流域石油类超标严重。主要污染超标集中在冬春季节（图 12-2）。

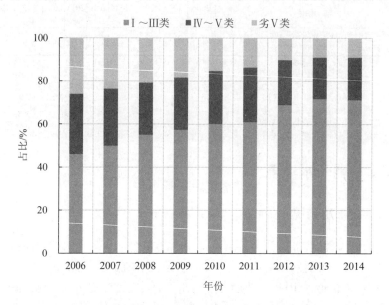

图 12-2　主要江河水质状况（2006—2014 年）

（3）湖库污染依然严重。62 个国控湖库中，优良水质个数占 61.3%，重度污染湖库个数略有减少（图 12-3）。15 个湖库存在富营养化问题，从综合营养状态评价看，达贲湖、滇池均接近重度营养化；太湖、巢湖、洪泽湖、白洋淀、淀山湖等 13 个湖库轻度富营养化。

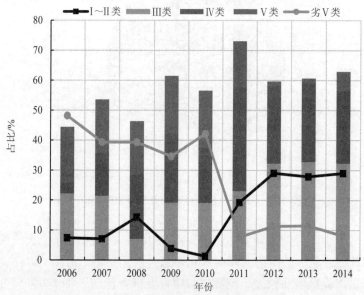

图 12-3　湖泊水库水质状况（2003—2014 年）

（4）近岸海域水质总体一般。四大海区中，黄海和南海水质良好，渤海水质一般，东海水质极差。重要海湾中，长江口、杭州湾和珠江口水质极差。COD、无机氮平均质量浓度同比有所上升，活性磷酸盐、石油类同比持平。排海污染源中，重金属污染，特别是部分生活源重金属污染（如铅和汞）值得特别关注（图 12-4）。

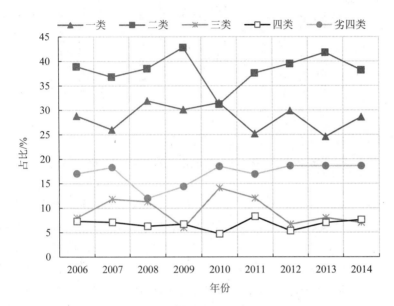

图 12-4 近岸海域水质（2006—2014 年）

（5）我国水环境质量不容乐观，水质改善缓慢，究其原因，主要在于以下几个方面：

> 近 10 年，水资源总用水量持续增加，2014 年有所下降：水资源用水量从 2003 年的 5 320.4 亿 m^3 上升到 2013 年的 6 183.5 亿 m^3，增加了 16.2%。2014 年全国总用水量有小幅下降趋势，为 6 095 亿 m^3，但水资源开发利用率仍呈增加趋势，比 2013 年增加 0.3 个百分点，达到 22.4%。农业是我国最主要的水资源用水部门，农业用水占比 63.5%，工业用水占比 22.2%，生活用水占比 12.6%，生态环境用水占比 1.7%（图 12-5）。

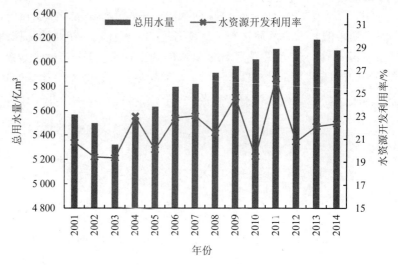

图 12-5　水资源开发利用率（2001—2014 年）

➤ 北方流域水资源开发利用率过高：南方地区各水资源一级区地表水供水量占其总供水量比重均在 88% 以上，而北方地区则以地下水供水为主。主要江河中，海河一级区用水总量远超该区水资源总量，达到 170.3%，是排名第二的辽河一级区、淮河一级区的两倍以上，西北诸河一级区、黄河一级区水资源开发利用率也在全国平均数倍以上（图 12-6）。

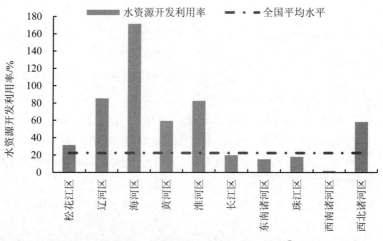

图 12-6　主要江河水资源开发利用率①

①来自水利部《2014 年中国水资源公报》水资源一级区数据。

➤ 农业化肥施用量节节攀升，单位面积化肥施用量略有上升①。2014 年，单位面积化肥施用量为 444 kg/hm²，比 2013 年增加了 1.5%，是国际上公认的化肥施用上限（225 kg/hm²）的 1.97 倍。农业面源污染加剧了地表水和地下水环境污染问题（图 12-7）。

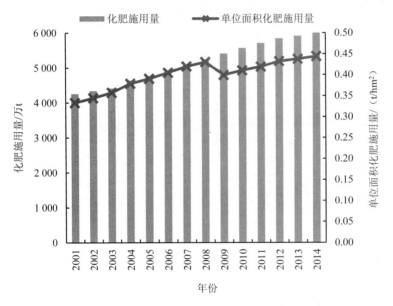

图 12-7　化肥施用量（2001—2014 年）

➤ 饮用水安全未得到有效保障。2014 年，全国 329 个地级及以上城市中 871 个集中式饮用水水源地取水总量 332.5 亿 t，涉及服务人口 3.26 亿人，其中达标取水 319.9 亿 t，取水量达标率为 96.2%。地表水水源地中，92.4%水质达标，40 个水源地不同程度超标，超标指标主要为总磷、铁、锰，总磷超标源于生活、农业养殖污染，铁、锰超标受原生地质所限。地下水水源地中，12.7%的水源地（44 个）超标，超标指标为铁、锰和氨氮（图 12-8）。

---

①根据第二次全国土地调查结果，比第一次调查的变更数多出 1 358.7 万 hm²；2009 年之后耕地数据均来自更新后的国土资源公报。

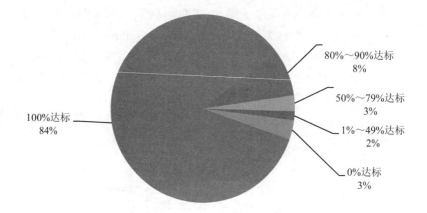

图 12-8　地级及以上城市饮用水水质达标率情况

> 地下水水质污染防治形势严峻。2014 年，地下水环境质量的监测点总数为 5 118 个，其中，水质较差的监测点 2 174 个，占 42.5%；水质极差的监测点 964 个，占 18.8%（图 12-9）。主要超标组分为总硬度、溶解性总固体、铁、锰、"三氮"（亚硝酸盐氮、硝酸盐氮和氨氮）、氟化物、硫酸盐等，个别监测点水质存在砷、铅、六价铬、镉等重（类）金属超标现象。

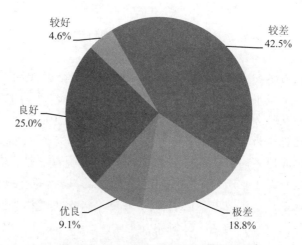

图 12-9　2014 年地下水水质监测结果[①]

①来自国土资源部《2015 中国国土资源公报》。

> ➢ "水十条"实施将有助于改善水环境质量。"水十条"提出到 2020 年，长江、黄河、珠江、松花江、淮河、海河、辽河七大重点流域水质优良比例总体达到 70%以上，地级及以上城市建成区黑臭水体均控制在 10%以内，地级及以上城市集中式饮用水水源水质达到Ⅲ类比例高于 93%，全国地下水质量极差的比例控制在 15%左右，近岸海域水质优良比例达到 70%左右。京津冀区域丧失使用功能的水体断面比例下降到 15%，长三角、珠三角区域力争消除丧失使用功能的水体。到 2030 年，全国七大重点流域水质优良比例总体达到 75%以上，城市建成区黑臭水体总体得到消除，城市集中式饮用水水源水质达到或优于Ⅲ类比例总体为 95%左右。从全面控制污染物排放、推动经济结构转型升级、节约保护水资源、发挥市场机制等方面促进水环境质量改善。

12.3 大气环境

（1）城市大气环境质量有所改善。SO_2 年均质量浓度为 35 μg/m³，同比下降 14.6%；NO_2 年均质量浓度为 38 μg/m³，同比持平；PM_{10} 年均质量浓度为 105 μg/m³，同比下降 3.7%；$PM_{2.5}$ 年均质量浓度为 62 μg/m³，O_3 日最大 8 h 平均为 140 μg/m³。

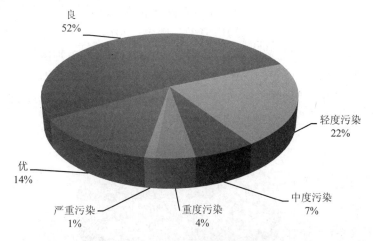

图 12-10 2014 年 161 个城市空气质量指数级别比例

（2）$PM_{2.5}$ 是我国超标天数中最主要的首要污染物。74 个新标准第一阶段监测实施城市中，超标天数中以 $PM_{2.5}$、O_3 和 PM_{10} 为首要污染物的天数较多，分别占超标天数的 70.1%、16.6% 和 12.0%。以 NO_2 和 SO_2 为首要污染物的污染天数分别占 1.0% 和 0.3%（图 2-11）。161 个新标准第一、第二阶段监测实施城市中，舟山、深圳、惠州等 13 个城市空气质量达标，146 个城市 $PM_{2.5}$ 超标，占 90.7%；126 个城市 PM_{10} 超标，占 78.3%；37 个城市 SO_2 超标，占 23.0%；68 个城市 NO_2 超标，占 42.2%。

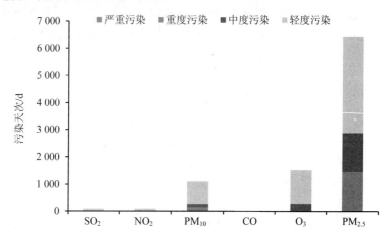

图 12-11　74 个城市超标天数中首要污染物的出现天次

（3）我国大气环境质量呈现自南向北逐步趋差的空间格局，2014 年我国大气环境质量比 2013 年有所改善。2014 年，我国南方地区城市 PM_{10} 平均质量浓度为 76 µg/m³（图 12-13），北方地区城市 PM_{10} 平均质量浓度为 112 µg/m³（图 12-12）。南方地区空气质量优于北方地区。2014 年地级以上城市中，PM_{10} 没有达到国家二级标准的城市数量为 227 个，占地级以上城市数量的 68.8%。

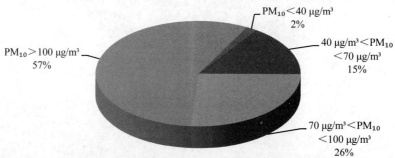

图 12-12　我国北方城市不同 PM_{10} 质量浓度水平比例

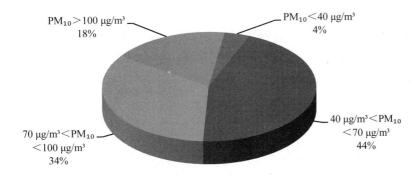

图 12-13　我国南方城市不同 PM$_{10}$ 质量浓度水平比例

（4）与人体健康关系较大的指标 PM$_{10}$ 年均质量浓度距离世界卫生组织推荐的健康阈值 15 μg/m^3 差距明显。2014 年，经过人口加权后的 PM$_{10}$ 年均质量浓度为 101 μg/m^3（图 12-14）。全国地级及以上城市中，PM$_{10}$ 年均质量浓度达到一级标准的城市比例为 2.1%，较 2013 年（2.7%）有所下降。PM$_{10}$ 污染最为严重的是华北地区和西北地区，特别是京津冀及周边地区和新疆大部、甘肃西部、宁夏北部片区的大部分城市 PM$_{10}$ 年均质量浓度高于 150 μg/m^3，超过二级标准限值 1 倍以上。

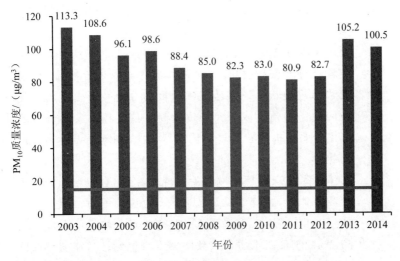

图 12-14　经人口加权的全国平均城市 PM$_{10}$ 质量浓度

（5）二氧化硫和颗粒物污染问题尚未得到根本解决的同时，以 PM$_{2.5}$ 和臭氧为代表的二次污染日趋严重。高密度人口的经济及社会活动排放了大量 PM$_{2.5}$，在静稳天气的影响下，全国多个城市出现雾霾天气，公众对大气环境质量的关注持续上升，大气污染控制面临着严峻挑战。

（6）我国大气环境质量不容乐观，2014 年稍有改善。究其原因，主要在于以下几个方面：

> 能源消费结构不合理，能源利用效率低：作为一次能源消费的主要来源，煤在燃烧过程中释放出二氧化硫、颗粒物等多种大气污染物。目前，我国煤炭入洗率为 22%，动力煤洗选厂的洗选设备利用率仅为 69%，洗煤能力远落后于实际需要。此外，工业锅炉热效率低下、燃料利用率偏低、采暖季主要依靠煤等传统燃料燃烧等因素也是造成大气污染的重要原因。

> 机动车量增速过快，NO$_x$ 排放量大：随着我国经济和人民生活水平的提高，机动车数量呈现快速增加趋势。民用汽车拥有量从 2006 年的 3 697.4 万辆增加到 2014 年的 14 598 万辆，8 年间增加了 2.95 倍。NO$_x$ 排放量已经超过 SO$_2$ 排放量，成为排放量最大的大气污染物。

> 大气污染成因复杂，呈现压缩型、复合型和区域型特征：我国大气污染来源多，污染成因复杂，不同区域污染物相互影响，区域污染状况差异大，污染控制难度大，既要对一次污染物进行治理和控制，还要对二次污染物进行控制；既要治理常规污染物，还要治理细颗粒物污染等新出现的大气污染问题。当前，我国大气污染的科技支撑力度不够，还没有完全形成有效应对这种区域型、复合型和压缩型大气污染的能力。

> 京津冀等重点区域环境质量亟待改善：受自然条件和人为因素共同作用，京津冀及周边地区是全国空气污染最严重的区域。2014 年，京津冀区域 13 个城市平均污染天数比例为 57.2%，重度以上污染天数比例为 17.0%。京津冀地区所有城市空气质量均未达标；长三角地区仅舟山市环境空气质量达标，其余 24 个城市均未达标；珠三角地区深圳和惠州市环境空气质量达标，其余 7 个城市均未达标。京津冀地区产

业结构明显偏重，高耗能、高污染的钢铁、石化、建材、电力等行业发展过快、比重过高，给空气环境质量带来了巨大压力。同时，随着人口增加和城市化进程的加快，京津冀及周边地区汽车保有量逐年提升，NO_x 排放量逐年增加。城市规模的扩大和各种高楼建设，也影响了城市局地的空气循环和流动，造成城市风速减小，降低了大气污染物的扩散能力。

➢ 经济降速，煤炭消费下降有利于大气环境质量改善：2014年 GDP 增长率为 7.4%，是近 24 年经济增速最低年。受宏观经济结构调整、房地产等行业投资增长放缓等多种因素制约，能源行业及与之相关的高耗能、高污染行业受到较大冲击。煤炭、电力、钢铁、水泥及其相关行业工业生产增长速度继续放缓，增速低于工业中其他行业和第三产业的增速，导致煤炭消费量大幅下降，促进大气环境质量改善。

➢ 更为严格的排放标准实施促进了环境质量改善：2014 年 7月 1 日起，所有火电锅炉开始执行 GB 13223—2011，二氧化硫、氮氧化物和烟尘等污染物的排放标准大幅收严。旧标准 SO_2 燃煤锅炉最高允许排放质量浓度为 400 mg/m^3，新标准实施以后，除使用高硫煤地区外，全国新建锅炉的最高允许排放质量浓度仅为 100 mg/m^3，现有锅炉允许排放质量浓度为 200 mg/m^3。新的排放标准的实施，迫使企业投入更多的减排资金，改造脱硫、脱硝等技术，对污染物减排具有重要的推动作用，促进了环境质量改善。

12.4 声环境

（1）全国城市区域昼间声环境质量总体较好（图 12-15）。2014年，327 个监测区域环境噪声的城市中，城市区域声环境质量较好（二级以上）的城市共有 243 个，占 71.6%；城市区域声环境质量一般（三级）的城市共 86 个，占 26.3%；城市区域声环境质量差（四级及以下）的城市仅 1 个，占 0.3%。

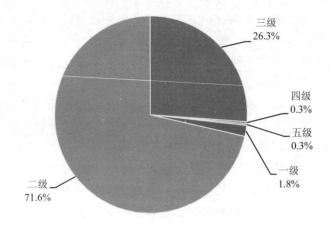

图 12-15　城市区域昼间声环境质量分布比例

（2）全国城市道路交通昼间声环境质量总体良好（图 12-16）。2014 年，325 个监测城市道路交通昼间声环境质量城市中，强度等级为一级、二级的城市共有 315 个，占 97.0%；10 个城市道路交通噪声强度为三级以下。

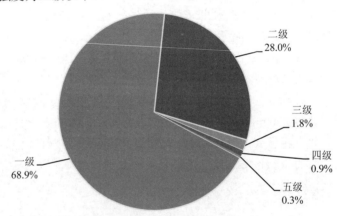

图 12-16　城市道路交通昼间声环境质量分布比例

第 13 章

物质流核算账户①

经济系统的物质流核算分析（EW-MFA），是一个在国家层面对经济系统的物质代谢过程进行系统全面实物量核算的体系工具，其基本内容是定量刻画一个经济系统的资源能源输入与废物产生/排放的状态。为转变长期以来经济增长的粗放型模式，我国实施了发展循环经济的重大战略。"十二五"社会经济发展规划，首次列入了资源产出率指标。本报告在 EW-MFA 的基础上形成 Chinese Economy-Wide Material Flow Analysis（CEW-MFA）核算框架，对中国 2013 年物质消耗量、物质循环量和资源产出率等指标进行了核算。

13.1 方法与数据

经济系统与环境之间通过物质流动联系起来，经济系统从环境中攫取水、能源、矿物质和生物质等资源，经过生产和消费过程转换之后向环境排放各种污染物。传统的价值指标无法完全揭示经济系统与环境之间的相互关系以及经济发展对环境产生的影响。而物质流核算方法则可以全面反映经济系统与环境之间的相互关系，可以考察经济系统的循环发展状态。

循环经济作为我国调整产业结构、转变经济增长方式的重大举措，以资源的高效利用和循环利用为核心，以减量化、再利用和资源化为原则，通过调控现有的线性物质代谢模式，提高资源的利用效率，促进经济又好又快地增长与发展。描述和刻画经济系统的物质代谢模式，需要一个能够定量分析的工具或方法。

经济系统物质流分析（EW-MFA）起源于社会代谢论和工业代谢论。20 世纪 90 年代开始，奥地利和日本分别完成了国家层次整体的

---

① 由于部分物质流核算所需数据《中国矿业统计年鉴》到报告发布时尚未出版，因此，物质流核算为 2013 年核算结果。

MFA 核算报告，此后物质流分析就形成了一个快速发展的科学研究领域，而很多学者集中研究如何统一不同的物质流分析方法。欧盟于2001 年出台了标准化的 EW-MFA 编制方法导则，为物质流分析方法提供了第一个国际性的官方指导文件，并于 2009 年和 2011 年推出了新的修订，使得 EW-MFA 得到了规范和延续，核算结果也具有国际和区域可比性。2008 年，OECD 工作组在 2001 年欧盟导则的基础之上发布了核算资源生产率的框架，目的也在于推动物质流分析的标准化。国际上此类工作的开展为我国 China EW-MFA（CEW-MFA）工作的推进提供了重要参考。

专栏 13.1　物质流核算数据来源

核算的所有数据均来自国家各部委的统计年鉴，主要包括《中国统计年鉴》《中国农村统计年鉴》《中国矿业年鉴》《中国能源统计年鉴》《中国口岸年鉴》《中国环境统计年鉴》《中国环境统计年报》等。

表 13-1　全国物质流核算主要指标解释

本地采掘 DEU	本地采掘指的是从本经济系统资源环境采集挖掘,进入本经济系统用作生产和消费的所有液态、固态和气态资源（由于水的开采量的数量级比其他本地开采的流量大，核算时不计入）。本地采掘分为四类：生物质、金属矿石、非金属矿石和化石燃料
进口 IM	进口指通过本经济系统海关口岸进入本经济系统的所有商品。进口商品包括原材料、半制成品和制成品
出口 EX	出口指通过本经济系统海关口岸流出本经济系统的所有商品。出口商品包括原材料、半制成品和制成品
本地物质投入 DMI 计算公式： DMI =DEU+IM	本地物质投入衡量的是经济系统生产消费活动所需的直接物质供给量。包括本地采掘、进口和调入三部分，故其表征的是本地经济系统对广义资源环境（全球资源环境）产生的压力。但由于进口及调入量是商品形式，包含半成品及最终成品，对本地环境与进口、调入所属地区资源环境的压力描述是不对等的，且不包括本地未使用采掘
本地物质消耗 DMC 计算公式： DMC=DMI−EX	本地物质消耗衡量的是经济系统的物质使用量，计量的是经济系统直接使用的总物质质量（不包含非直接流）。本地物质消耗与能源消耗量等其他物理消耗指标的定义方法类似，可简单归结为输入减去出口得到
物质贸易平衡 PTB 计算公式： PTB=IM−EX	物质贸易平衡由进口和调入减去出口和调出得到，可反映经济系统物质贸易的顺差和逆差，顺差表明本经济系统资源输出大于外部资源输入，逆差表明本经济系统资源输出小于外部资源输入。但由于进出口及调入、调出量是商品形式，包含半成品及最终成品，在平衡过程中会存在不对等性

13.2 核算结果

（1）CEW-MFA 在遵循 EW-MFA 基本物质平衡理论和系统边界定义的基础上，从物质循环、固体废物以及物质流衍生指标 3 个主要方面，进行了细分和补充拓展。在保证测算结果具有国际可比性的前提下，针对我国现阶段的重点领域、重点物质进行物质的细分，力求贴近我国资源效率管理的实际需求。

（2）CEW-MFA 尝试规范物质流分析的数据来源，为今后类似研究提供详尽的数据指引和校验依据。统计数据考虑数据的常年可得性和权威性，采用公开发布的统计年鉴数据，核算数据在调研文献的基础上均给出一个或多个选择。2013 年中国国家尺度 EW-MFA 共分解为本地采掘 DEU、进口 IM、出口 EX、国内生产排放 DPO 4 张表。

（3）研究报告选取我国"十五"期间、"十一五"期间及"十二五"期间的高速发展阶段作为研究时段，着重分析 2000—2013 年我国物质流的主要变化特征（表 13-2）。

表 13-2 2000—2013 年主要物质流指标测算结果　　单位：10^6 t

年份	本地采掘 DEU	进口 IM	物质贸易平衡 PTB	出口 EX	本地物质投入 DMI	本地物质消耗 DMC
2000	5 582	312	85	227	5 895	5 668
2001	5 825	347	77	270	6 173	5 903
2002	6 166	414	−685	1 099	6 581	6 166
2003	6 657	665	−530	1 195	7 181	6 657
2004	6 625	658	−688	1 346	7 284	6 625
2005	6 919	691	−544	1 235	7 672	6 919
2006	7 403	848	−310	1 158	8 251	7 093
2007	9 157	964	−506	1 470	10 121	8 651
2008	9 812	1 035	−216	1 251	10 847	9 596
2009	10 009	1 412	566	1 129	11 421	10 292
2010	10 333	1 576	382	1 195	11 909	10 714
2011	12 136	1 864	411	1 453	14 000	12 547
2012	11 048	2 085	725	1 361	13 134	11 772
2013	10 768	2 303	1 006	1 297	13 071	11 774

（4）"十五"期间和"十一五"期间，我国物质投入和物质消耗呈快速增长趋势，2012 年，首次出现下降趋势，2013 年本地物质投入持续下降，本地物质消耗基本维持。2012 年全国本地物质投入和本地物质消耗分别为 131.34 亿 t 和 117.72 亿 t，分别比 2011 年下降 6.19% 和 6.18%，2013 年分别为 130.71 亿 t 和 117.74 亿 t（图 13-1）。

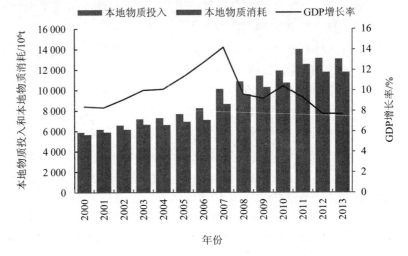

图 13-1　2000—2013 年本地物质消耗和本地物质投入

（5）结合 CEW-MFA 主要指标和各年度社会经济数据，得到相应循环经济指标。并通过综合 2000 年之前的其他数据，按照各研究的数据口径，筛选结果中本地物质消耗并折算为国家试行资源产出率概念下的调整后的物质消耗（ADMC）。

（6）单位物质投入和消耗的 GDP 产生有所增加，物质投入效率有所提高。2000 年本地采掘的 GDP 产出为 1 777 元/t，2013 年为 3 197 元/t，增长 80%；2000 年本地物质投入的 GDP 产出为 1 683 元/t，2013 年为 2 634 元/t，增长 56.6%。

（7）本地处置后排放量呈波动增加趋势。"十一五"期间，受污染物总量减排政策的影响，遏制了自 2000 年以来的污染物排放快速增长趋势，但排放量总体仍呈上升趋势。2013 年，纳入污染减排的指标比 2012 年有所下降，但 CO_2 涨幅较高，导致总污染排放量仍呈增加趋势，达到 104.3 亿 t（图 13-2）。

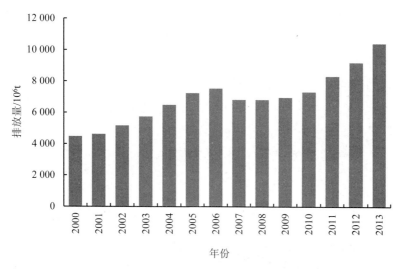

图 13-2　2000—2013 年本地处置后排放量

（8）2006—2013 年，我国本地物质投入的 GDP 产出大体浮动于
2 100～2 600 元/t 的水平上，发达国家如瑞士、瑞典、挪威等 2000 年
的资源产出率都已经高于我国现在的 1 倍以上，我国经济增长的资源
产出率整体较低（图 13-3）。

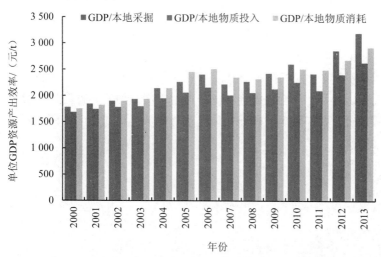

图 13-3　2000—2013 年单位 GDP 资源产出效率指标

（9）"十一五"时期以来，人均本地采掘、本地物质投入和本地
物质消耗增加趋势加快。2000 年我国人均本地采掘为 4.4 t/人，人均

本地物质投入为 4.7 t/人，人均本地物质消耗为 4.5 t/人，"十五"期间，这三项指标呈现相对低速的增加，"十一五"时期以来，这三项指标的增速相对较快，其中，人均本地采掘由 5.6 t/人增加到 7.7 t/人，人均本地物质投入由 6.3 t/人增加到 8.9 t/人，人均本地消耗由 5.4 t/人增加到 7.9 t/人，2013 年这三项指标分别为 7.9 t/人、9.6 t/人、8.7 t/人（图 13-4）。

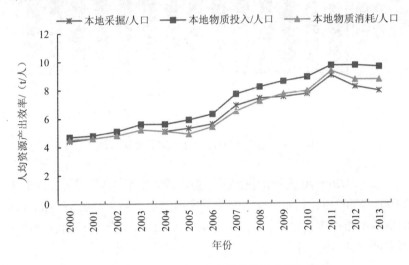

图 13-4　2000—2013 年人均资源产出效率指标

（10）国家经济增长仍处于高消耗、高资源投入阶段。单位物质消耗所贡献的 GDP 有所上涨，但依然较低，人均物质消耗的增长超过人口增长率，证明我国经济仍处于低效率高资源消耗阶段。但由于经济放缓，人均物质消耗开始呈现下降趋势，有利于缓解高资源投入带来的压力。

第 14 章
环境保护支出账户

环境保护支出包括工业污染源治理、城市环境建设直接相关的用于形成固定资产的资金投入、治理设施运行费用以及各级政府环境管理方面的支出。其中，各级政府环境管理方面资金投入的数据获取困难，本报告的环保支出只包括环境污染治理投资、环境保护运行及相关税费两部分。根据目前环境保护投资的统计口径，环境污染治理投资主要包括 3 个方面：①城市环境基础设施建设投资；②工业污染源治理投资；③建设项目"三同时"环境保护投资。环境保护运行及相关税费指进行环境保护活动或维持污染治理运行所发生的经常性费用，包括设备折旧、能源消耗、设备维修、人员工资、管理费、药剂费及设施运行有关的其他费用，以及企业交纳的环境保护税费。

14.1 环境保护支出

（1）2014 年环境保护支出共计 16 374.0 亿元，较 2013 年增加了 5.2%，约为 2006 年的 6.5 倍。2014 年 GDP 环保支出指数为 2.6%，与 2013 年持平，是 2006 年 GDP 环保支出指数的 2.2 倍。其中，环境污染治理投资 9 575.5 亿元，占环境保护支出总资金的 58.5%，较 2013 年增加了 0.5 个百分点；环境保护运行费用 5 527.8 亿元，占总环境保护支出的 33.8%，较 2013 年下降了 0.4 个百分点（表 14-1）。

（2）在 2014 年的环境保护运行及相关税费中，环境保护税费 1 270.7 亿元，较 2013 年增长了 5.0 个百分点，占总运行及相关税费的 18.7%。

（3）因生产活动而支出的污染治理设施运行费用，即内部环境保护支出为 4 644.8 亿元，是外部环境保护活动的 5.3 倍。内部环境保护总支出中约 59.3% 的支出用于第二产业环境保护设施的运行维护（表 14-1）。

表 14-1　2014 年按活动主体分的环境保护支出核算　　　　单位：亿元

核算对象＼核算主体	外部环境保护				内部环境保护				合计
	城市污水处理	城市垃圾处理	废气及其他	小计	第一产业	第二产业	第三产业	小计	
运行费用与相关税费：运行费用	302.9	190.9	389.2	883.0	517.0	2 755.4	1 372.5	4 644.8	5 527.8
资源税	1 083.8								1 083.8
排污费	186.8								186.8
环境污染治理投资	5 463.9				4 111.6				9 575.5
环境保护支出总计	16 374.0								

注：1）按活动主体分的中间消耗和工资等运行费的数据根据核算得到；

　　2）资源税和排污费数据仅列出合计数据；

　　3）外部环境保护的投资性支出数据为环境统计年报中的城市环境基础设施建设投资，内部环境保护的投资性支出数据为环境统计年报中的工业污染源治理投资和建设项目"三同时"环保投资之和。

14.2　环境污染治理投资和运行费用

（1）"十二五"环境保护投资规划需求预期超过 3.4 万亿元。根据"十二五"环境保护规划，全国"十二五"期间环保投资预期 3.4 万亿元，预期拉动 GDP 4.34 万亿元。按照年均 15% 增长速度计，到 2015 年我国环保产业产值将达到 4.92 万亿元。

（2）2014 年环境污染治理投资增速放缓，投资总额较 2013 年增加了 6.0 个百分点。2012 年环境污染治理投资为 8 253.6 亿元，比 2011 年增加 36.9%；2013 年环境污染治理投资为 9 037.2 亿元，比 2012 年增加 9.5%；2014 年，环境污染治理投资为 9 575.5 亿元，比 2013 年增加 6.0%。从时间变化来看，近 3 年环境污染治理投资总额增速呈下降态势。2014 年，建设项目"三同时"环保投资额为 3 113.9 亿元，较 2013 年增加了 5.0%，城市环境基础设施建设投资为 5 463.9 亿元，较 2013 年增加 4.6%。

（3）环境污染治理投资占 GDP 的比重较低，且近 3 年有下降趋势。从 2000 年开始，我国环境污染治理投资占 GDP 的比重达到 1% 以上；之后环境污染治理投资占 GDP 的比重有所起伏，2010 年，我国环境保护投资占 GDP 的比重首次超过了 1.5%，但与发达国家相比，该值仍属于较低水平。2014 年我国环境保护投资占 GDP 的比重为 1.51%，较 2013 年下降了 0.08 个百分点；从近 3 年变化趋势来看，我国环境污染治理投资占 GDP 的比重有下降趋势（图 14-1）。

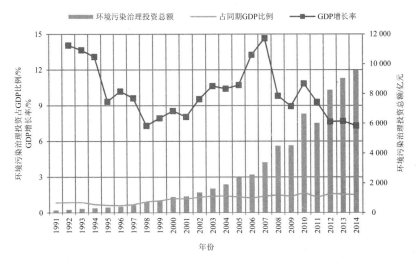

图 14-1　我国环境保护投资状况（1991—2014 年）

（4）随着环境污染治理投入的增长，环境污染治理能力和环保设施的治理运行费用不断提高。根据核算结果，2014 年环境污染实际治理成本共计 5 527.8 亿元，较 2013 年增长了 3.9 个百分点，是 2006 年实际治理成本的 3.1 倍。其中，废水治理 1 396.9 亿元、废气治理 3 476.2 亿元、固体废物治理 654.7 亿元，工业固体废物实际治理成本为 463.8 亿元。

（5）废气治理能力较废水增长显著。根据统计，工业废气（标态）处理能力从 2006 年的 80.1 亿 m³/h 提高到 2014 年的 153.4 亿 m³/h，增加了 91.5%；工业废水治理能力从 19 553 万 t/d 上升到 2014 年的 25 317 万 t/d，增加了 29.5%。与此相对应，废气治理设施运行费用占比持续增长，从 2006 年的 48.1%上升到 2014 年的 57.2%；废水治理设施运行费用占比持续降低，从 2006 年的 40.2%下降到 2014 年的 21.8%（图 14-2）。目前工业废水处理水平仍然较低，根据发达国家经验，废水治理成本一般高于废气治理，我国污染治理的道路仍很漫长。

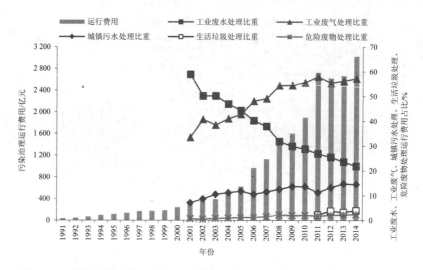

图 14-2　我国各类废水、废气和废物处理设施运行费用（1991—2014 年）

第 15 章

GDP 污染扣减指数核算账户

污染治理成本分为实际污染治理成本和虚拟污染治理成本。污染实际治理成本是指目前已经发生的治理成本，实际治理成本核算在理论上比较简单，为污染物处理实物量与污染物单位治理成本的乘积。虚拟治理成本是指将目前排放至环境中的污染物全部处理所需要的成本，计算方法与实际治理成本相同，利用实物量核算得到的排放数据与污染物单位治理成本的乘积计算。2014 年，我国虚拟治理成本为 6 928.4 亿元，增速低于实际治理成本的增速。但虚拟治理成本绝对量仍然大于实际治理成本（约为 1.3 倍），说明污染治理缺口仍较大。

15.1 治理成本核算

15.1.1 治理成本概况

我国环境污染实际治理成本从 2006 年的 1 830.4 亿元上升到 2014 年的 5 527.8 亿元，增加了 2.1 倍，说明我国环境污染治理投入显著提高。2014 年，我国虚拟治理成本为 6 928.4 亿元，相对 2006 年增加了 68.5%，增速低于实际治理成本。但虚拟治理成本绝对量仍然大于实际治理成本（约为 1.3 倍），说明污染治理缺口仍较大（图 15-1）。

（1）大气和水污染治理缺口较大。2014 年我国废水虚拟治理成本为 1 874.5 亿元，是实际治理成本的 1.3 倍；废气虚拟治理成本为 4 794.7 亿元，是实际治理成本的 1.4 倍；固体废物虚拟治理成本为 259.2 亿元，是实际治理成本的 39.6%。

（2）我国水污染和大气污染治理投入相对不足。2014 年我国大气污染实际治理成本为 3 476.2 亿元，占 GDP 的 0.55%；水污染实际治理成本为 1 396.9 亿元，占 GDP 的 0.22%。根据 2000 年美国 EPA 测算，大气污染治理成本占 GNP 0.77%，水污染治理成本占 GNP

1.13%[①]。我国大气及水污染治理投入尚未达到美国 2000 年水平。

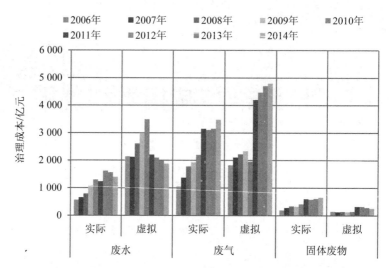

图 15-1　2006—2014 年废水、废气和固体废物污染治理成本

（3）NO$_x$ 治理严重不足。2014 年废气虚拟治理成本中 NO$_x$ 的虚拟治理成本为 2 961.3 亿元，占总废气虚拟治理成本的 61.8%。其中，交通源的 NO$_x$ 虚拟治理成本为 2 368.7 亿元，占 NO$_x$ 虚拟治理成本的 80.0%。

（4）固体废物污染实际治理成本已超过虚拟治理成本。2014 年固体废物实际治理成本为 654.7 亿元，比 2013 年增加 7%，是 2006 年 195.1 亿元的 3.4 倍，我国固体废物污染治理投入近年增长较快。

专栏 15.1　环境污染治理成本核算

污染治理成本法核算的环境价值包括两部分，一是环境污染实际治理成本；二是环境污染虚拟治理成本。

实际治理成本是指目前已经发生的治理成本，包括畜禽养殖、工业和集中式污染治理设施实际运行发生的成本。其中，工业废水、废气和城镇生活污水的实际污染治理成本采用统计数据，畜禽废水、工业固体废物、城市生活垃圾和生活废气的实际治理成本利用模型计算获得。

①http://yosemite.epa.gov/ee/epa/eerm.nsf/vwAN/EE-0294A-1.pdf/$file/EE-0294A-1.pdf.

虚拟治理成本是指目前排放到环境中的污染物按照现行的治理技术和水平全部治理所需要的支出。治理成本法核算虚拟治理成本的思路是：假设所有污染物都得到治理，则当年的环境退化不会发生。从数值上看，虚拟治理成本可以认为是环境退化价值的下限核算。治理成本按部门和地区进行核算。

15.1.2　行业治理成本分析

（1）第一和第二产业污染物治理投入加大，污染治理初见成效，第三产业和生活污染治理缺口巨大。2014 年，第一产业、第二产业以及第三产业与生活的合计污染治理成本分别为 819.8 亿元、4 662.6 亿元、6 973.8 亿元。其中，第一产业、第二产业、第三产业与生活的虚拟治理成本为 302.8 亿元、1 907.2 亿元、4 718.3 亿元，分别是其实际治理成本的 58.6%、69.2%和 209.2%，生活源虚拟治理成本高的主要原因是交通源的虚拟治理成本较高（图 15-2）。

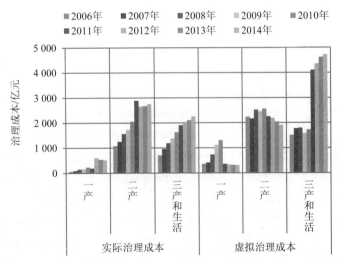

图 15-2　2006—2014 年不同产业的污染治理成本

（2）我国环境污染治理重点主要集中在电力、非金属矿制品、黑色冶金、食品加工、化工、造纸等 10 个行业。2014 年，这 10 个行业的污染治理成本占总治理成本的比重达到 82.6%（图 15-4）。

（3）非金属矿采选和食品加工等污染大户的治理欠账严重。两个行业虚拟治理成本分别是实际治理成本的 20.4 倍和 15.5 倍，加大重点行业污染治理投入迫在眉睫（图 15-3）。

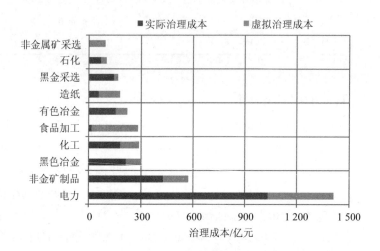

图 15-3　2014 年主要污染行业的治理成本

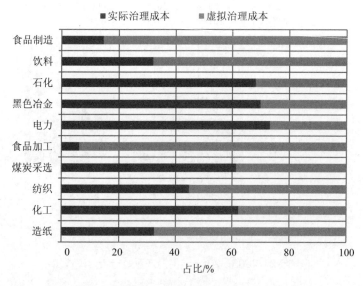

图 15-4　2014 年主要水污染行业治理成本比例

（4）电力生产是污染治理成本最高的行业。2014 年，电力生产的实际治理成本为 1 033.3 亿元，比 2013 年（891.9 亿元）增加 15.9%，虚拟治理成本为 378.0 亿元，比 2013 年（455.9 亿元）减少 17.1%。电力行业实际治理成本远高于其他行业。电力行业的脱硫能力近年大幅提高，但由于氮氧化物的治理水平仍然较低，其虚拟治理成本仍然处于高位。

（5）废水主要排放行业中，化工、煤炭采选、电力、黑色冶金和石化行业的实际治理成本大于虚拟治理成本，纺织、造纸、食品加工等行业实际治理成本都小于虚拟治理成本。

15.1.3 区域治理成本分析

（1）东部地区污染治理成本较高。2014 年，东部地区的实际治理成本和虚拟治理成本分别为 2 886.9 亿元和 3 353.5 亿元，中部地区为 1 352.4 亿元和 1 776.3 亿元，西部地区为 1 288.5 亿元和 1 798.6 亿元。东部地区实际治理成本最高，实际治理成本占总治理成本的比重为 46.3%（图 15-5）。

（2）中部地区实际治理成本较上年略有增加，污染治理欠账仍维持在较高水平。2014 年中部地区实际治理成本较上年增加了 3.0%，中部地区虚拟治理成本是实际治理成本的 1.3 倍（图 15-5）。

（3）2014 年西部地区实际治理成本较上年增加了 5.0%，西部地区的污染治理缺口较大。西部地区虚拟治理成本是实际治理成本的 1.4 倍（图 15-5）。

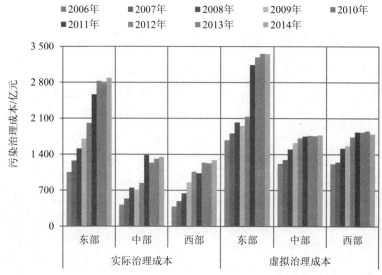

图 15-5　2006—2014 年不同区域的污染治理成本

（4）青海的污染治理投入亟须加大。山东、江苏、河北、广东、浙江位列总治理成本的前 5 位。2014 年这 5 个省份的污染治理成本合计 4 557.7 亿元，占总污染治理成本的 36.6%，其中，实际治理成本占总治理成本的 43.7%。西藏、海南、青海、宁夏、贵州是污染治理成本最低的 5 个省份，其合计污染治理成本为 511.9 亿元，占总污染治理成本的 4.1%。青海是污染治理成本缺口最大的省份，其虚拟治理成本是实际治理成本的 3.2 倍，污染治理投入需进一步加大（图 15-6）。

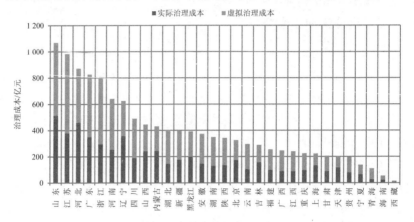

图 15-6　2014 年 31 个省份的实际治理成本和虚拟治理成本

15.2　GDP 污染扣减指数

15.2.1　产业和行业污染扣减指数对比

（1）2014 年 GDP 污染扣减指数为 1.09%。2014 年，我国行业合计 GDP（生产法）为 63.6 万亿元。虚拟治理成本为 6 928.4 亿元，虚拟治理成本占全国 GDP 的比例约为 1.09%，与 2013 年相比下降了 0.14 个百分点。

（2）第三产业污染扣减指数大。2014 年，第一产业虚拟治理成本为 302.8 亿元，扣减指数为 0.52%；第二产业虚拟治理成本为 1 907.2 亿元，扣减指数为 0.70%；由于机动车现采用更为严格的排放标准，导致第三产业虚拟治理成本相对较高，为 4 718.3 亿元，扣减指数为 1.54%（图 15-7）。

（3）不同行业的污染扣减指数有所下降。2014 年第二产业的污染扣减指数较 2013 年下降了 0.11 个百分点，第一产业和第三产业污染扣减指数分别下降了 0.04 个和 0.22 个百分点。

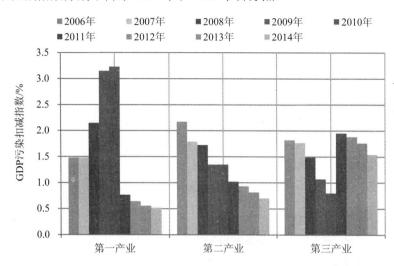

图 15-7　三次产业的 GDP 污染扣减指数

（4）非金属矿采选、皮革、电力、食品加工和造纸业是污染扣减指数最高的 5 个行业。2014 年，这 5 个行业的污染扣减指数分别为 9.73%、3.95%、3.45%、3.27%和 2.73%。5 个行业污染扣减指数均较上年有所下降（图 15-8）。

（5）污染扣减指数最低的行业是仪器制造业。仪器制造业扣减指数为 0.015%；其次为烟草业、通用设备制造业和汽车制造业，扣减指数分别为 0.018%、0.026%、0.034%（图 15-8）。

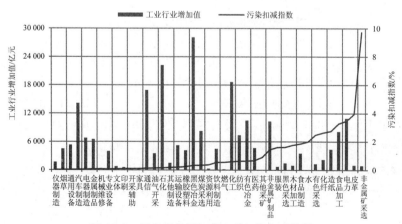

图 15-8　工业行业增加值及其污染扣减指数

15.2.2 区域污染扣减指数对比

（1）东部、中部、西部三大地区污染扣减指数均有所下降。2014年，东部地区污染扣减指数较2013年降低了0.08个百分点；中部地区污染扣减指数较2013年降低了0.08个百分点；西部地区污染扣减指数较2013年降低了0.17个百分点（图15-9）。

（2）西部地区的污染扣减指数高于中部地区和东部地区。2014年，西部地区的污染扣减指数为1.30%、中部地区为1.06%、东部地区为0.89%，说明西部地区的污染治理投入需求相对其经济总量较中东部地区更大，需要给予西部地区更多的环境投入财政政策优惠。

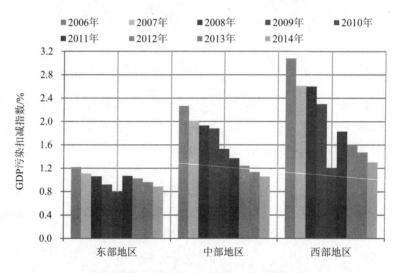

图 15-9 不同地区的 GDP 污染扣减指数

（3）西部省份的 GDP 污染扣减指数较高。2014年，分析了31个省份的污染扣减指数发现，污染扣减指数小的地区是上海（0.38%）、天津（0.55%）、福建（0.65%）和广东（0.71%）。与2013年相比，这些地区的污染扣减指数都有不同程度的减少；这些东部省份的虚拟治理成本绝对量相对较高，但因其经济总量大，使其污染扣减指数相对较低。青海（3.63%）、宁夏（2.65%）、新疆（2.39%）、甘肃（1.72%）等省份的污染扣减指数相对较高（图15-10）。

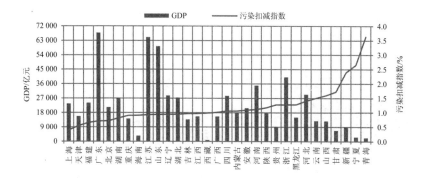

图 15-10　31 个省份的 GDP 与污染扣减指数

第 16 章
环境退化成本核算账户

　　环境退化成本又称污染损失成本，它是指在目前的治理水平下，生产和消费过程中所排放的污染物对环境功能、人体健康、作物产量等造成的实际损害，利用人力资本法、直接市场价值法、替代费用法等环境价值评价方法评估计算得出的环境退化价值。与治理成本法相比，基于损害的污染损失评估方法更具合理性，是对污染损失更加科学和客观的评价。环境退化成本仅按地区核算。

　　在本核算体系框架下，环境退化成本按污染介质来分，包括大气污染、水污染和固体废物污染造成的经济损失；按污染危害终端来分，包括人体健康经济损失、工农业（工业、种植业、林牧渔业）生产经济损失、水资源经济损失、材料经济损失、土地占用丧失生产力引起的经济损失、污染事故经济损失和对生活造成影响的经济损失。

16.1　水环境退化成本

　　2006—2014 年，我国水环境退化成本逐年增加，年均增速为10.9%。其中，2006 年为 3 387.0 亿元，2014 年为 7 756.4 亿元（图16-1），占总环境退化成本的 42.6%。因水环境退化成本的增速小于GDP 增速，所以 GDP 水环境退化指数呈下降趋势。2006 年为 1.47%，2014 年为 1.13%。

　　在水环境退化成本中，污染型缺水造成的损失最大。根据核算结果，2014 年全国污染型缺水量达到 899.9 亿 m^3，占 2014 年总供水量的 15.4%，污染已经成为我国缺水的主要原因之一，对我国的水环境安全构成严重威胁，成为制约经济发展的一大要素。"十一五"时期和"十二五"时期前 3 年，污染型缺水造成的损失呈小幅上升趋势。2006 年为 1 923 亿元，占水环境退化成本的 56.8%；2011 年为3 355.5 亿元，占比 59.4%；2013 年为 4 151.9 亿元，占比 61.5%；

2014 年为 5 116.1 亿元,占比 66%;其次为水污染对农业生产造成的损失,2014 年为 1 305.2 亿元,比 2006 年增加 168%(图 16-2)。2014 年水污染造成的城市生活用水额外治理和防护成本为 552.3 亿元,工业用水额外治理成本为 450.6 亿元,农村居民健康损失为 332.2 亿元,分别比 2006 年增加 42%、20% 和 58%。

图 16-1 2006—2014 年水环境退化成本核算结果

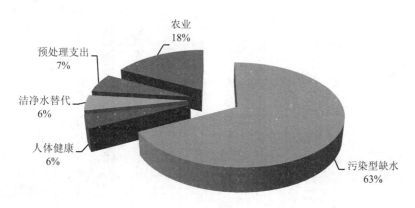

图 16-2 各种水污染损失占总水污染损失比重

2014 年，东部、中部、西部 3 个地区的水环境退化成本分别为 3 753.6 亿元、2 045.6 亿元和 1 957.3 亿元，分别比 2013 年增加 4.4%、4% 和 15.2%。东部地区的水环境退化成本最高，约占水污染环境退化成本的 48.4%，占东部地区 GDP 的 1.17%；中部和西部地区的水环境退化成本分别占总水环境退化成本的 26.4% 和 25.2%，占地区 GDP 的 1.44% 和 1.72%。

16.2　大气环境退化成本

我国大气环境退化成本呈快速增长趋势。2006 年大气污染环境退化成本为 3 051.0 亿元，2007 年为 3 680.6 亿元，2008 年为 4 725.6 亿元，2009 年为 5 197.6 亿元，2010 年为 6 183.5 亿元，2011 年为 6 506.1 亿元，2012 年为 6 750.4 亿元，2013 年为 8 611.0 亿元，2014 年为 10 011.9 亿元，占总环境退化成本的 55.0%。"十一五"期间，GDP 大气环境退化指数为 1.5%～1.7%，"十二五"时期的头两年，GDP 大气环境退化指数呈下降趋势，2013 年和 2014 年有所上升，分别为 1.37% 和 1.46%（图 16-3）。

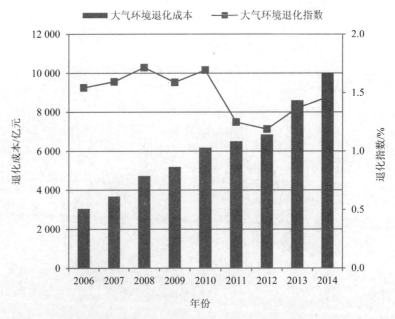

图 16-3　2006—2014 年大气环境退化成本核算结果

　　在大气污染造成的各项损失中，健康损失最大。2004—2014 年利用我国城市监测数据，对 PM_{10} 导致的人体健康损失进行了核算。结果显示，我国每年城镇地区与室外空气污染有关的过早死亡人数为 35 万～52 万人，2014 年核算的城镇地区与室外空气污染有关的过早死亡人数为 52.4 万人，与世界银行和 WHO 的核算结果相近。在对与大气污染有关的城市人口过早死亡核算的基础上，利用第五次、第六次人口普查数据，对大气污染导致的预期寿命减损进行评估。结果显示，2004 年我国预期寿命为 69.6 岁，大气污染导致的人均潜在寿命损失年为 1.85 年。2014 年我国预期寿命上升为 74.4 岁，大气污染导致的人均潜在寿命损失年为 0.65 年。同时，考虑南北方区域差异，对南方和北方大气污染导致的人均潜在寿命损失年也进行了计算。结果显示，2004 年，我国北方大气污染导致的预期折寿损失年为 2.3 年，我国南方大气污染导致的预期折寿损失年为 1.8 年，北方比南方预期折寿损失年多 0.6 年。2014 年，我国北方大气污染导致的预期折寿损失年为 1.4 年，我国南方大气污染导致的预期折寿损失年为 0.7 年，北方比南方预期折寿损失年多 0.7 年。根据原卫生部《健康中国 2020 战略研究报告》，我国所有慢性病导致居民期望寿命损失为 13.2 年，按照《2010 年全球疾病负担报告》，中国约有 20% 的早死可归因于包括空气污染在内的所有环境危险因素，推算我国由于大气污染导致的期望寿命损失最多不超过 2.6 年。从省份来看，新疆、宁夏、北京、河北、天津等省份大气污染导致的潜在寿命损失年超过了 1 年，海南、云南和贵州低于 0.6 年（图 16-4）。

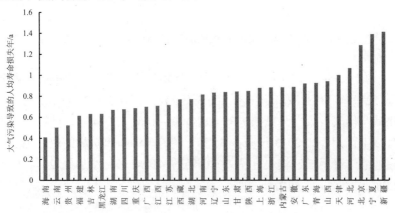

图 16-4　2014 年不同省份大气污染导致的人均寿命损失年

2014 年，我国东部地区与大气污染有关的城镇过早死亡人数为 25.1 万人，占全国总数的 48.0%；中部地区与大气污染有关的城镇过早死亡人数为 15.5 万人，占总数的 29.7%，西部地区与大气污染有关的城镇过早死亡人数为 11.7 万，占总数的 22.3%。2014 年我国城镇实际死亡人数为 468.4 万人，城镇与大气污染有关的过早死亡人数占城镇实际死亡人数的 11.2%。具体到各省份而言，新疆、宁夏、北京等地区与大气污染有关的过早死亡人数占城镇实际死亡人数的比例都超过了 15%；而海南、云南、贵州、福建、吉林等省份与大气污染有关的过早死亡人数较低。从空气污染导致的死亡率看，中部地区最高，为 0.71‰，东部地区为 0.69‰，西部地区为 0.67‰。其中，河北（0.9‰）、新疆（0.85‰）、河南（0.83‰）、山东（0.83‰）、天津（0.82‰）等省份相对较高；而海南（0.35‰）、云南（0.47‰）、西藏（0.53‰）、广东（0.54‰）、福建（0.54‰）等省份相对较低（图 16-5）。

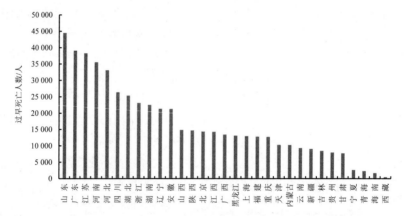

图 16-5　2014 年中国 31 个省份空气污染导致的过早死亡人数

在 SO_2 减排政策的作用下，大气环境污染造成的农业损失有所降低。2014 年农业减产损失为 405.3 亿元，比 2013 年减少 20.4%，农业减产损失占大气污染损失的 4.0%（图 16-6）。2014 年，材料损失为 214.41 亿元，比 2013 年减少 3.7%。随着车辆和建筑物的快速增加，额外清洁费用增速较快，从 2006 年的 416.4 亿元增加到 2014 年的 2 082.9 亿元，年均增长 22%。

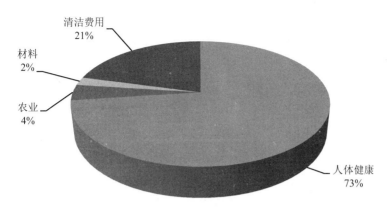

图 16-6　各种大气污染损失占总大气污染损失比重

2014 年，东部、中部、西部 3 个地区的大气环境退化成本分别为 5 533.9 亿元、2 431.4 亿元和 2 046.6 亿元。大气环境退化成本最高的仍然是东部地区，占大气总环境退化成本的 55.3%，占东部地区 GDP 的 1.46%；中部和西部地区的大气环境退化成本分别占大气总环境退化成本的 24.3% 和 20.4%，这两个地区的大气环境退化成本占地区 GDP 的比重分别为 1.45% 和 1.48%。从省份而言，江苏（996.0 亿元）、山东（893.4 亿元）、广东（853.7 亿元）、河南（609.5 亿元）、河北（526.4 亿元）5 个省的大气环境退化成本较高，占全国大气环境退化成本的 38.7%。贵州（86.2 亿元）、青海（46.4 亿元）、宁夏（43.5 亿元）、海南（22.0 亿元）、西藏（6.1 亿元）等省份大气环境退化成本相对较低，占全国大气环境退化成本的 2.0%。

16.3　固体废物侵占土地退化成本

2014 年，全国工业固体废物侵占土地约 15 563.6 万 m^2，丧失土地的机会成本约为 251.1 亿元，比 2013 年增加 8.3%。生活垃圾侵占土地约 2 878.3 万 m^2，比 2013 年减少 3.6%，丧失的土地机会成本约为 76 亿元，基本与 2013 年持平。两项合计，2014 年全国固体废物侵占土地造成的环境退化成本为 327.2 亿元，占总环境退化成本的 1.8%。2014 年，东部、中部、西部 3 个地区的固体废物环境退化成本分别为 113.9 亿元、102.9 亿元和 110.4 亿元。

16.4　总环境退化成本

2006—2014 年，我国环境退化成本以年均 13.7%的速度增加。其

中，2006 年 6 507.7 亿元，2010 年 11 032.8 亿元，2011 年 12 512.7
亿元，2012 年 13 357.6 亿元，2013 年 15 794.5 亿元，2014 年 18 218.8
亿元（图 16-7）。在总环境退化成本中，大气环境退化成本和水环境
退化成本是主要的组成部分，2014 年这两项损失分别占总退化成本
的 55.0%和 42.5%，固体废物侵占土地退化成本和污染事故造成的损
失分别为 327.2 亿元和 123.3 亿元，分别占总退化成本的 1.8%和 0.7%。
从环境退化成本占 GDP 比重的退化指数看，我国环境退化指数呈下
降趋势，2013 年和 2014 年都有所上升。

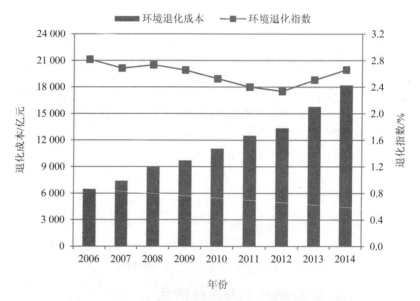

图 16-7　2006—2014 年环境退化成本及其环境退化指数

从空间角度看，我国区域环境退化成本呈现自东向西递减的空
间格局（图 16-8）。2014 年，我国东部地区的环境退化成本较大，
为 9 401.4 亿元，占总环境退化成本的 51.9%，中部地区为 4 114.2
亿元，西部地区为 4 579.9 亿元。具体从省份角度看，河北（1 846.5
亿元）、山东（1 724.6 亿元）、河南（1 604.8 亿元）、江苏（1 369.5
亿元）、广东（1 089.7 亿元）等省份的环境退化成本较高，占全国
环境退化成本比重的 42.2%。除河南外，这些省份都位于我国东部
沿海地区。云南（266.8 亿元）、宁夏（167.9 亿元）、青海（96.2 亿
元）、西藏（45.5 亿元）、海南（40.7 亿元）等省份的环境退化成本

较少，占环境退化成本比重的 3.4%。这些省份除环境质量本底值好的海南省外，其他都位于西部地区，西部地区环境退化成本低的主要原因是地广人稀，实际来看，西部地区部分城市的大气环境质量与水环境质量也堪忧。

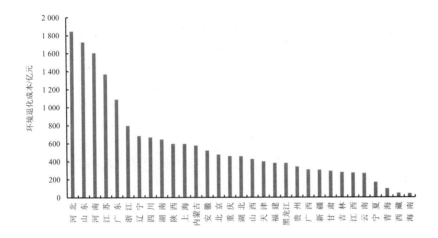

图 16-8　2014 年中国 31 个省份环境退化成本空间分布

第17章
生态破坏损失核算账户

生态系统可以按不同的方法和标准进行分类，本报告按生态系统的环境特性将生态系统划分为五类，即森林生态系统、草地生态系统、湿地生态系统、农田生态系统和海洋生态系统。由于未掌握农田和海洋生态系统的基础数据，本报告仅核算了森林、草地、湿地和矿产开发引起的地下水流失与地质灾害四类生态系统的服务功能损失。

生态系统一般具有三大类功能，即生活与生产物质的提供（如食物、木材、燃料、工业原料、药品等）、生命支持系统的维持（如生物多样性、气候调节、水土保持等）以及精神生活的享受（如登山、野游、渔猎、漂流等）。本报告所指生态服务功能仅包括第一类和第二类中的重要功能，并根据森林、草地和湿地的主要生态功能分别选择了对其最重要和典型的服务功能进行核算（表17-1）。

表 17-1　生态破坏损失核算框架

	生产有机物质	调节大气	涵养水源	水分调节	水土保持	营养物质循环	净化污染	野生生物栖息地	干扰调节
森林	√	√	√	√		√	√	√	
湿地		√	√	√	√	√	√	√	√
草地	√	√	√		√	√			
农田	×	×	×		×	×			
海洋	×	×	×		×	×	×	×	×

注：√代表已核算项目；×代表未核算项目。

17.1　森林生态破坏损失

我国森林覆盖率只有全球平均水平的 2/3，排在世界第 139 位；人均森林面积 0.15 hm²，不足世界人均占有量的 1/4；人均森林蓄积 10.15 m³，只有世界人均占有量的 1/7；全国乔木林生态功能指数 0.54，生态功能好的仅占 11.3%；乔木林蓄积量 85.88 m³/hm²，只有世界平均水平的 78%。从长期来看，由于我国仍然处于经济发展和城镇人口快速增长期，社会经济发展对木材需求不断增长，木材供需矛盾加剧，森林生态系统安全面临巨大压力。

根据全国第七次森林资源清查结果，我国目前森林面积为 19 545.2 万 hm²，森林覆盖率 20.4%，比第六次清查结果 18.2% 提高了 2.15%。总体来看，森林面积继续扩大，林木蓄积生长量持续大于消耗量，森林质量有所提高，森林生态功能不断增强。但本次清查也发现，我国森林资源长期存在的数量增长与质量下降并存、森林生态系统趋于简单化、生态功能衰退、森林生态系统调节能力下降的问题仍然广泛存在，生态脆弱状况没有根本扭转。

在人类活动的干扰下，森林资源的非正常耗减所造成的生态服务功能下降，包括森林资源非正常耗减带来的森林生态系统服务功能退化损失以及为防止森林生态退化的支出两部分。由于缺乏数据，本报告仅对前者的损失进行了核算。这里所指的森林资源包括常绿针叶林、常绿阔叶林、落叶针叶林、落叶阔叶林等多种类型（这里主要指乔木树种构成，郁闭度 0.2 以上的林地或冠幅宽度 10 m 以上的林带，不包括灌木林地和疏林地）。

根据全国第七次森林资源清查结果，林地转为非林地的面积为 831.73 万 hm²。2014 年我国森林生态破坏损失达到 1 364.2 亿元，占 2014 年全国 GDP 的 0.2%，其中针叶林生态破坏损失达 638.5 亿元，阔叶林生态破坏损失达 725.7 亿元。从损失的各项功能看，生产有机质、固碳释氧、涵养水源、保持水土、营养物质循环、生物多样性保护、净化空气等森林资源的各项生态功能破坏损失分别为 62.7 亿元、89.6 亿元、38.6 亿元、85.3 亿元、26.1 亿元、799.2 亿元、262.8 亿元（图 17-1）。其中，生物多样性保护功能丧失所造成的破坏损失最大，占森林总损失的 58.6%，超过其他各项生态功能损失之和。

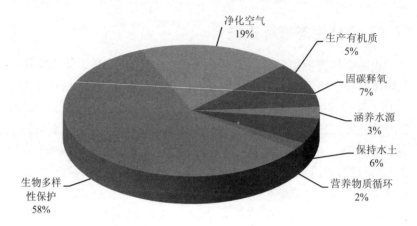

图 17-1　森林生态破坏各项损失占比

　　我国森林的空间分布差异很大,主要分布在东南地区、西南地区、内蒙古东部地区和东北三省,仅黑龙江、吉林、内蒙古、四川、云南 5 个省份的森林面积和蓄积量就占全国的 43.4% 和 49.7%。从针叶林和阔叶林的破坏率看,宁夏、河南、山东、新疆等地区的破坏率相对最高。而森林非正常耗减量位居前 5 位的省份为湖北、黑龙江、河南、广西和云南,分别占全国非正常耗减量的 9.8%、9.5%、8.7%、8.7% 和 8.5%,造成的生态破坏损失分别达到 134.3 亿元、129.7 亿元、118.7 亿元、118.6 亿元和 115.6 亿元(图 17-2)。

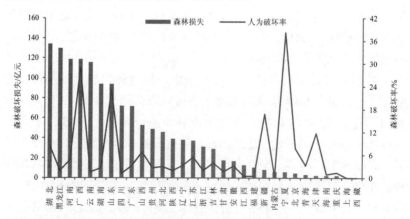

图 17-2　2014 年 31 个省份的森林生态破坏经济损失和
人为破坏率

17.2　湿地生态破坏损失

湿地与人类的生存、繁衍、发展息息相关，是自然界最富生物多样性的生态系统和人类最重要的生存环境之一，它不仅为人类的生产、生活提供多种资源，而且具有巨大的环境功能和效益，在抵御洪水、调节径流、蓄洪防旱、降解污染、调节气候、控制土壤侵蚀、美化环境等方面具有其他系统不可替代的作用，被称为地球之肾、物种贮存库、气候调节器。本报告核算的湿地指面积在 100 hm² 以上的湖泊、沼泽、库塘和滨海湿地，宽度≥10 m、面积≥100 hm² 的全国主要水系的四级以上支流，以及其他具有特殊重要意义的湿地。

全国湿地资源调查（1995—2003 年）结果表明，我国现有调查范围内的湿地总面积为 3 848.6 万 hm²，其中自然湿地面积 3 620.1 万 hm²，占国土面积的 3.8%。在自然湿地面积中，滨海湿地所占比重为 16.4%、河流湿地占 22.7%、湖泊湿地占 23.1%、沼泽湿地占 37.9%。调查表明，湿地开垦、改变自然湿地用途和城市开发占用自然湿地是造成我国自然湿地面积削减、功能下降的主要原因。

本报告所指湿地生态破坏是指在人类活动的干扰下，由于人为因素造成的湿地生态系统的生态服务功能退化，以湿地围垦率指标体现湿地生态系统的人为破坏率。根据核算结果，目前全国湿地围垦面积达到 65.8 万 hm²，由此造成的湿地生态破坏损失达到 1 411.7 亿元，占 2014 年全国 GDP 的 0.20%。湿地的生产有机物质、调节大气、涵养水源、水分调节、水土保持、营养物质循环、净化污染、野生生物栖息地、干扰调节生态系统服务功能损失分别为 14.5 亿元、16.6 亿元、635.1 亿元、1.2 亿元、16.7 亿元、4.8 亿元、334.7 亿元、24.4 亿元、363.7 亿元。在湿地生态破坏造成的各项损失中，涵养水源的损失贡献率最大，占总经济损失的 45%（图 17-3）。

我国湿地分布较为广泛，同时，受自然条件的影响，湿地类型的地理分布表现出明显的区域差异。我国湿地主要分布在西藏、黑龙江、内蒙古和青海 4 个省份，这 4 个省的湿地面积占全国湿地面积的 46.6%。在全国 31 个省份中，浙江的湿地人为破坏率最高，达到 4.4%，其次是重庆（3.9%）和甘肃（3.2%）。虽然湿地主要分布地区的人为破坏率处于中游水平，但由于基数大，黑龙江、西藏、内蒙古、青海和甘肃的人为湿地破坏面积位居全国前 5 位，这 5 个省份的湿地生态破坏经济损失也位居前 5 位，经济损失分别达到 229.7 亿元、201.3 亿元、179.5 亿元、84.3 亿元和 71.5 亿元，5 个省合计约占全国湿地生态破坏经济损失的 54.3%（图 17-4）。

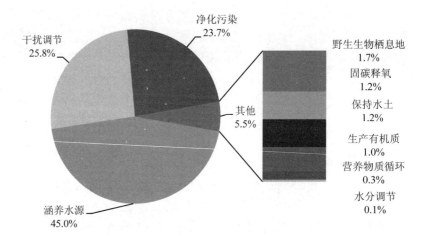

图 17-3 湿地生态破坏各项损失占比

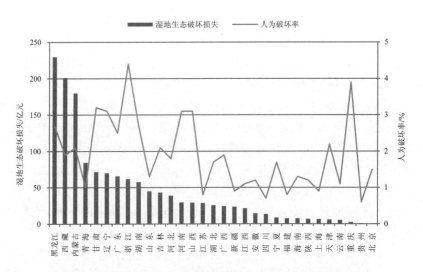

图 17-4 2014 年 31 个省份的湿地生态破坏经济损失和人为破坏率

17.3　草地生态破坏损失

我国是草地资源大国，全国草原面积近 4 亿 hm²，约占陆地国土面积的 2/5，是我国面积最大的绿色生态屏障，也是干旱、高寒等自然环境严酷、生态环境脆弱区域的主体生态系统。按照草原地带性分布特点，可以将我国草原分为北方干旱半干旱草原区、青藏高寒草原区、东北-华北湿润半湿润草原区和南方草地区四大生态功能区，它们在我国国家生态安全战略格局中占据着十分重要的位置。

北方干旱半干旱草原区位于我国西北、华北北部以及东北西部地区，涉及河北、山西、内蒙古、辽宁、吉林、黑龙江、陕西、甘肃、宁夏和新疆 10 个省份，是我国北方重要的生态屏障。全区域有草原面积 15 995 万 hm²，占全国草原总面积的 40.7%。该区域气候干旱少雨、多风，冷季寒冷漫长，草原类型以荒漠化草原为主，生态系统十分脆弱。青藏高寒草原区位于我国青藏高原，全区域有草原面积 13 908 万 hm²，占全国草原总面积的 35.4%。区域内大部分草原在海拔 3 000 m 以上，气候寒冷、牧草生长期短，草层低矮，产草量低，草原类型以高寒草原为主，生态系统极度脆弱。东北-华北湿润半湿润草原区主要位于我国东北和华北地区，全区域有草原面积 2 961 万 hm²，占全国草原总面积的 7.5%。该区域是我国草原植被覆盖度较高、天然草原品质较好、产量较高的地区，也是草地畜牧业较为发达的地区，发展人工种草和草产品加工业潜力很大。南方草地区位于我国南部，涉及上海、江苏、浙江、安徽、福建、江西、湖南、湖北、广东、广西、海南、重庆、四川、贵州和云南 15 个省份，全区域有草原面积 6 419 万 hm²，占全国草原总面积的 16.3%。区域内牧草生长期长、产草量高，但草资源开发利用不足，部分地区面临石漠化威胁，水土流失严重。

2014 年全国草原监测报告显示，我国草原生态的总体形势发生了积极变化，全国草原生态环境加速恶化势头已得到有效遏制。2014 年全国重点天然草原的牲畜超载率为 15.2%，较 2013 年下降了 1.6 个百分点。全国鼠害、虫害危害程度有所下降，2014 年，全国草原鼠害危害面积为 3 481.2 万 hm²，约占全国草原总面积的 8.8%，危害面积较 2013 年减少 5.8%。草原鼠害主要发生在河北等 13 个省份。其中，西藏、内蒙古、新疆、甘肃、青海、四川 6 个省份鼠害危害面积合计 3 209.1 万 hm²，占全国草原鼠害面积的 92.2%。

草地生态破坏是在人类活动的干扰下，由于人为因素造成的草地生态系统的生态服务功能退化。影响草地生态系统生态退化的人为因素主要是不合理的草地利用，包括过度放牧、开垦草原、违法征占草地、乱采滥挖草原野生植被资源等。本报告核算结果显示，目前全国人为破坏的草地面积达到 1 730.65 万 hm²，由此造成的草地生态破坏损失达到 1 723.6 亿元，占 2014 年全国 GDP 的 0.25%。草地的生产有机物质、调节大气、涵养水源、水土保持、营养物质循环等生态系统服务功能损失分别为 256.8 亿元、293.8 亿元、270.7 亿元、817 亿元和 85.3 亿元。在草地生态破坏造成的各项损失中，水土保持的贡献率最大，占总经济损失的 47.4%（图 17-5）。

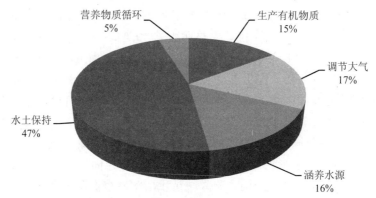

图 17-5　草地生态破坏各项损失占比

由于我国草地主要集中在西部地区，而且西部地区的牲畜超载率也普遍较高，根据《全国草原监测报告（2014）》，西藏、内蒙古、新疆、青海、四川、甘肃的平均牲畜超载率分别为 19%、9%、20%、13%、17% 和 17%。因此，西部地区草地生态破坏损失远大于东部、中部地区，占 87%，东部地区占 1.7%，中部地区占 11.3%。在 31 个省份中，青海省以 412.5 亿元位居首位，占全国总损失的 23.9%，内蒙古（297.6 亿元）和西藏（270.4 亿元）分别占 17.3% 和 15.6%，这 3 个省和四川、新疆、黑龙江、甘肃等 7 个省区 2014 年度的草地生态系统破坏经济损失为 1 491.2 亿元，占全国的 86.5%，其他 13 个省仅占 13.5%，北京、天津、上海、江苏、浙江、安徽、福建、江西、湖南、广东和海南 11 省的超载率为 0，草地生态破坏经济损失为 0（图 17-6）。

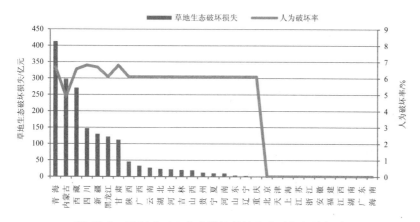

图 17-6　2014 年 31 个省份的草地生态破坏经济损失

17.4　矿产开发生态破坏损失

我国是矿业大国，矿产开发总规模居世界第三位，矿产资源开发在为经济建设做出巨大贡献的同时，也对生态环境造成了长期、巨大的破坏。根据国土资源部开展的全国矿山地质环境调查结果，由于长时间、高强度的矿山开采，造成大量土地荒废，生态环境恶化，有的地方发生大范围的地面塌陷等地质灾害。由于固体废物堆放引起的土地占用损失已在环境退化成本中进行了核算，为避免重复，矿产开发生态破坏损失部分主要对地下水环境生态破坏与矿产开发过程中引起的采空塌（沉）陷、地裂缝、滑坡等地质灾害造成的经济损失进行核算。

目前矿产开发每年导致的地下水资源破坏量达到 14.2 亿 m³，由此造成的经济损失达 61.6 亿元；因采矿活动形成的地质灾害面积约 116.2 万 hm²，由此造成的经济损失达 195 亿元，两项合计 2014 年矿产开发造成的经济损失达 256.7 亿元，占 2014 年全国 GDP 的 0.04%。

从区域角度看，我国矿产资源主要集中分布在湖北、湖南、山西、陕西、内蒙古、青海、新疆、贵州和云南等中西部地区，因此，中部、西部省份矿产开发造成的生态破坏损失量较大，分别达 188 亿元和 38.9 亿元，占总生态破坏损失量的 75.8% 和 15.7%。在 31 个省份中，山西以 166.3 亿元位居首位，占全国总损失的 64.8%（图 17-7）。

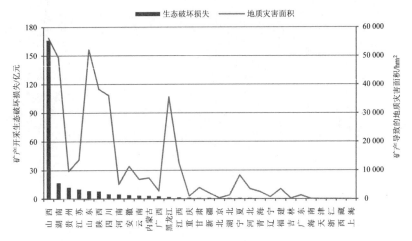

图 17-7　2014 年 31 个省份矿产开发生态破坏经济损失和
地质灾害面积

17.5　总生态破坏损失

近 6 年我国生态破坏损失呈小幅增长趋势（图 17-8）。2008 年全国的生态破坏损失为 3 961.8 亿元，2009 年为 4 206.5 亿元，2010 年为 4 417.0 亿元，2011 年为 4 758.5 亿元，2012 年为 4 745.9，2013 年为 4 753.5 亿元，2014 年为 4 756.2 亿元，占 GDP 的 0.7%。在生态破坏损失中，草地退化造成的生态破坏损失相对较大，2014 年为 1 723.6亿元；其次为湿地占用导致的生态破坏损失，2014 年为 1 411.7 亿元。因矿产资源开发导致的地下水污染和地质灾害损失相对较少，2014年为 256.7 亿元。

我国生态破坏损失的空间分布极不均衡，呈现从东部沿海地区向西部地区逐级递增的空间格局（图 17-9）。2014 年，我国东部、中部、西部 3 个地区的生态破坏损失分别为 726.7 亿、1 431.2 亿元和2 598.3 亿元，分别占总生态损失的 15.3%、30.1%和 54.6%，西部地区的生态破坏损失超过了中部与东部地区的总和。具体从各省份来看，青海（500.6 亿元）、内蒙古（486.6 亿元）、黑龙江（483 亿元）、西藏（471.7 亿元）、山西（268 亿元）、四川（237.8 亿元）等省份是我国生态破坏损失最严重的省份，这些省份的生态破坏损失占总生态破坏损失的 51.5%。其中青海、内蒙古、四川等省份的生态破坏损失以草地损失为主，分别占各省总生态破坏损失的 82.4%、61.2%、

61.9%；山西生态破坏损失以矿产资源开发的生态损失为主，占其总生态破坏损失的 62.1%；黑龙江生态破坏损失以湿地损失为主，占比为 47.6%；西藏生态破坏损失由草地和湿地损失组成，占比分别为 57.3%和 42.7%。

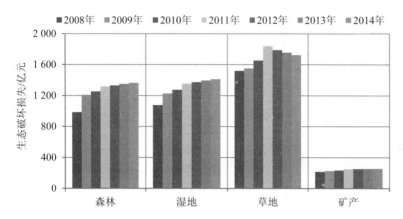

图 17-8　2008—2014 年不同类型生态破坏损失对比

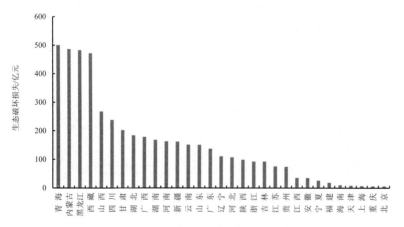

图 17-9　2014 年生态破坏损失空间分布

第 18 章

环境经济核算综合分析

2006—2014 年随着经济的快速发展，环境污染代价和所需要的污染治理投入在同步增长，环境问题已经成为我国可持续发展的主要制约因素。11 年中基于退化成本的环境污染代价从 5 118.2 亿元提高到 18 218.8 亿元，增长了 256%，年均增长 13.5%。鉴于我国在今后相当长的一段时期内仍处于工业化中后期阶段，环境质量改善是一项长期艰巨的任务，预计今后 10～15 年还处于经济总量与生态环境成本同步上升的阶段。

18.1 我国处于经济增长与环境成本同步上升阶段

连续 11 年的核算表明我国经济发展造成的环境污染代价持续增加，11 年中基于退化成本的环境污染代价从 5 118.2 亿元提高到 18 218.8 亿元，增长了 256%，年均增长 13.5%。"十一五"期间，基于治理成本法的虚拟治理成本从 4 112.6 亿元增加到 5 589.3 亿元，增长了 35.9%。2014 年基于治理成本法的虚拟治理成本达到 6 931.9 亿元（图 18-1）。

2006—2014 年的核算结果说明，随着经济的快速发展，环境污染代价和所需要的污染治理投入同步增长，环境问题已经成为我国可持续发展的主要制约因素。对比分析我国经济增速与环境退化成本增速可知（图 18-2），2014 年环境退化成本增速为 15.3%，与经济同速下降。鉴于我国在今后相当长的一段时期内仍处于工业化中后期阶段，环境质量改善是一项长期艰巨的任务，预计今后 10～15 年还将处于经济总量与生态环境成本同步上升的阶段。

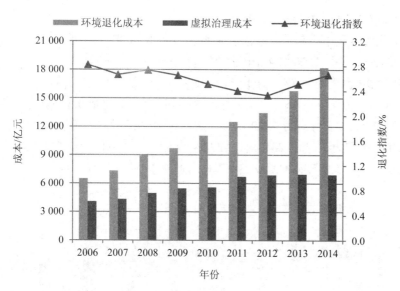

图 18-1 2006—2014 年中国环境退化成本、虚拟治理成本及环境退化指数

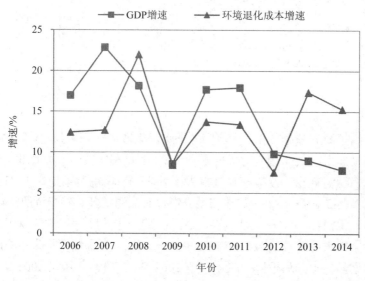

图 18-2 2006—2014 年 GDP 增速与环境退化成本增速对比（当年价）

18.2 2014 年我国生态环境退化成本占 GDP 比重为 3.4%，比 2013 年有所上升

以环境退化成本与生态破坏损失合计作为我国生态环境退化成

本，对比分析 2008—2014 年生态环境退化成本可知，我国生态环境退化成本呈上升趋势，生态环境退化成本占 GDP 的比重呈现先下降后上升趋势。2008 年我国生态环境退化成本为 12 745.7 亿元，占当年 GDP 比重的 3.9%；2009 年为 13 916.2 亿元，占当年 GDP 比重的 3.8%；2010 年为 15 389.5 亿元，占 GDP 比重下降到 3.5%；2011 年为 17 271.2 亿元，占 GDP 比重为 3.3%；2012 年为 18 103.5 亿元，占 GDP 比重为 3.2%；2013 年为 20 547.9 亿元，占 GDP 比重为 3.3%，2014 年为 22 975.0 亿元，占 GDP 比重为 3.4%（图 18-3）。

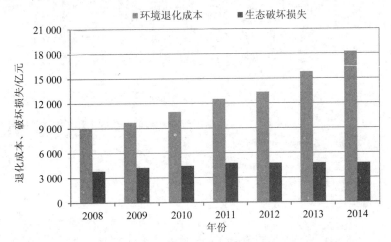

图 18-3　2008—2014 年生态环境退化成本与生态破坏损失

由于缺乏基础数据，土壤和地下水污染造成的环境损害、耕地和海洋生态系统破坏造成的损失无法计量，各项损害的核算范围也不全面，资源消耗损失没有核算，报告核算的生态环境污染损失占 GDP 的比例为 3.1%～3.9%。另根据世界银行对能源消耗、矿产资源消耗、森林资源消耗、CO_2 排放以及颗粒物排放等不同口径的资源耗减成本与污染损失的核算结果，我国在 2004—2012 年资源环境损失占 GDP 的比重呈先上升后下降的趋势，由 2004 年的 7.1%上升到 2008 年的 10%，后下降到 2012 年的 5.8%。2008 年，美国、日本、英国、德国、法国等发达国家资源环境损失占 GDP 比重分别为 5%、5%、2.3%、0.5%、0.1%[1]，我国资源环境成本占 GDP 的比重均高于这些国家，我国现阶段的经济发展依然严重依赖对资源环境的破坏性消耗，高投

①http://siteressources.worldbank.org/ENVIRONMENT/Resources.

入、高消耗、低产出、低效率的问题依然突出。

18.3　生态环境退化成本空间分布不均，生态破坏损失主要分布在西部地区，环境退化成本主要分布在东部地区

2014 年，我国生态环境退化成本共计 22 975.0 亿元[①]，其中，东部地区生态环境退化成本最大，为 10 128.1 亿元，占全国生态环境退化成本的 44.3%；中部地区生态环境退化成本为 6 011.1 亿元，占比为 26.3%；西部地区生态环境退化成本为 6 712.5 亿元，占比为 29.4%。具体从各省份看，河北（1 954.1 亿元）、山东（1 875.8 亿元）、河南（1 768.1 亿元）、江苏（1 445.5 亿元）、广东（1 227.3 亿元）5 个省份的生态环境退化成本较高，占全国生态环境退化成本的 36.2%。海南（50.9 亿元）、宁夏（193.8 亿元）、江西（307.2 亿元）、吉林（370.9 亿元）、福建（398.5 亿元）5 个省份的生态环境退化成本较低，占全国生态环境退化成本的 5.8%（图 18-4）。

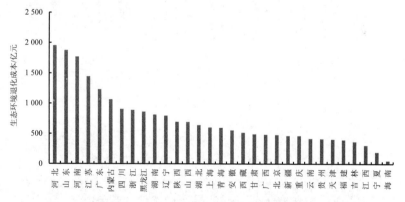

图 18-4　2014 年生态环境退化成本空间分布

我国生态破坏损失和环境退化成本的空间分布很不均衡，生态破坏损失主要分布在西部地区，环境退化成本主要分布在东部地区。由图 18-5 可知，我国东部地区的环境退化成本占全国环境退化成本的 52.0%，西部地区的生态破坏损失占全国生态破坏损失的 54.6%。进一步分析不同区域的生态环境退化指数可知，西部地区生态环境退化指数高于中部、东部地区（图 18-6）。西部地区生态环境退化指数 4.9%，

[①]由于缺乏分省（区）的渔业污染事故损失数据，因此，东部、中部、西部合计的生态环境损失合计不等于全国合计的生态环境损失。

中部地区 3.6%，东部地区 2.7%，生态环境退化对西部地区的影响更为严重。从各省份来看，2014 年，GDP 环境退化指数较高的省份为河北（6.3%）、宁夏（6.1%）、河南（4.6%）、甘肃（4.2%）和青海（4.2%），比重较低的省份为江西（1.7%）、湖北（1.7%）、广东（1.6%）、福建（1.6%）、海南（1.2%）。考虑生态环境退化成本后，生态环境退化指数最高的省份为青海（25.9%）、甘肃（7.2%）、宁夏（7.0%）、河北（6.6%）、内蒙古（6.0%）。这些省份除河北外，都属于西部地区，且多为欠发达资源富集省份。

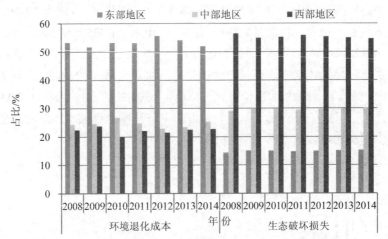

图 18-5 东部、中部、西部地区环境退化成本和生态破坏损失所占比重

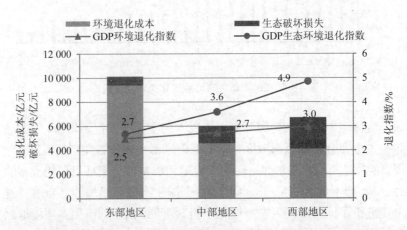

图 18-6 2014 年地区生态环境退化成本及 GDP 生态环境退化指数

生态环境退化指数低的省份都位于东部地区，欠发达地区经济增长的资源环境代价高于发达地区。如果把生态环境退化成本从区域GDP 中扣减掉，西部地区与东部地区的经济发展差距会进一步拉大。西部地区生态环境脆弱，经济发展的资源环境代价大，我国在进行产业转移和产业空间布局时，需要充分考虑西部地区脆弱的生态环境承载力。例如，腾格里沙漠排污事件中，企业将排污管道直接引入沙漠内部排放，由于细沙渗透率高，污水一旦下渗极易污染地下水，对该地区主要水源水质构成威胁。此外，发展工业大量抽取地下水会导致沙漠地区地下水位下降，提前透支沙漠这类严重缺水地区的水资源。长此以往，将会破坏沙漠地区原有的生态平衡。因此在西部地区经济发展中应坚持保护优先的原则。

18.4　从时间序列变化看，西部地区环境退化成本增速快，多数省份的退化成本排序基本稳定

我国环境退化成本增速较快，2004—2014 年，我国环境退化成本以 13.5% 的速度增加。虽然我国西部地区环境退化成本相对较低，但环境退化成本的增速相对较快。2004—2014 年，我国西部地区环境退化成本的增速为 16.2%，中部地区为 13.2%，东部地区为 12.7%。具体从省份看，青海（26.4%）、新疆（22.7%）、陕西（21.6%）、宁夏（21.0%）、重庆（20.4%）等省份 10 年环境退化成本增速都超过了20%，这些省份都分布在西部地区。黑龙江（7.3%）、内蒙古（9.9%）、浙江（10.1%）、江苏（10.3%）、广东（10.9%）等省份 10 年环境退化成本增速低于 11%（图 18-7）。非理性的承接产业转移是导致西部地区环境退化成本增加的原因之一。产业转移是一把"双刃剑"，在对西部地区经济发展起积极推动的同时，不可避免地存在一定的环境负面影响。西部地区生态脆弱，环境承载力低，如果不提高产业准入门槛，不加强企业的环境监管，不加选择地承接东部地区的落后产能和淘汰工艺，势必会加重西部地区的环境退化程度，增加西部地区的环境风险，需引起西部地区政府的高度重视。

在 2004—2014 年 30 个省份中（不包括西藏），河北、山东、河南、江苏、广东、浙江等省份的环境退化成本在全国环境退化成本排序中，基本都位于 1～6 位，而宁夏、青海、海南的环境退化成本基本都最小，排序在 28～30。从不同年份的省份排序看，大多数省份的排序基本保持稳定，但黑龙江、贵州、山西、内蒙古、重庆和湖北

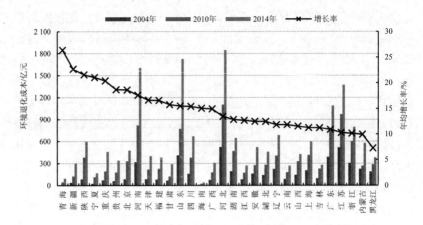

图 18-7　2004—2014 年各省环境退化成本年均增速

等省份的排序波动较大。其中，黑龙江、山西、内蒙古的排序有下降趋势，黑龙江从 2004 年的 11 位下降到 2014 年的 20 位，山西从 2004年的 14 位下降到 2014 年的 17 位，内蒙古从 2004 年的 7 位下降到2014 年的 12 位。虽然这 3 个省份的环境退化成本也呈现上升趋势，但增速相对较慢，其增速分别位于 30 位、23 位和 29 位，导致这 3个省份的环境退化成本排名逐年下降。贵州从 2004 年的第 26 位上升到 2014 年的 21 位，重庆从 2004 年的 24 位上升到 2014 年的 15 位。陕西也从 2004 年 20 位上升到 2014 年的 10 位（表 18-1），这 3 个省份的环境退化成本增速相对较快，分别位于第 6 位、第 5 位和第 3 位。

表 18-1　2004—2014 年不同省份环境退化成本排序

省份	2004 年	2005 年	2006 年	2007 年	2008 年	2009 年	2010 年	2011 年	2012 年	2013 年	2014 年
河　北	1	2	3	3	1	1	1	1	1	1	1
山　东	3	4	4	4	3	2	5	2	2	2	2
河　南	5	5	5	5	5	5	3	4	5	3	3
江　苏	2	1	2	2	4	3	2	3	3	3	4
广　东	4	3	1	1	2	4	4	5	4	5	5
浙　江	6	6	6	6	6	6	6	6	6	6	6
辽　宁	8	7	9	9	8	10	9	10	8	8	7
四　川	13	11	8	8	9	9	11	11	10	9	8
湖　南	10	10	10	11	13	12	7	7	7	7	9
陕　西	20	14	14	14	17	15	10	9	11	11	10
上　海	9	9	7	7	7	8	8	8	9	10	11
内蒙古	7	16	15	15	10	7	17	13	12	12	12

省份	2004 年	2005 年	2006 年	2007 年	2008 年	2009 年	2010 年	2011 年	2012 年	2013 年	2014 年
安　徽	12	12	11	10	15	16	16	16	14	13	13
北　京	18	15	12	13	14	14	12	12	13	14	14
重　庆	24	22	22	22	22	24	21	23	17	18	15
湖　北	15	18	18	16	16	19	15	15	18	15	16
山　西	14	13	13	17	12	11	13	18	20	17	17
天　津	19	23	25	25	23	22	20	21	19	20	18
福　建	22	19	17	18	19	21	19	20	16	19	19
黑龙江	11	8	16	12	11	13	14	14	15	16	20
贵　州	26	27	26	26	28	28	23	24	25	21	21
广　西	23	25	21	20	18	17	24	22	21	25	22
新　疆	27	26	29	28	21	23	26	17	27	22	23
甘　肃	25	21	23	23	24	25	27	19	24	24	24
吉　林	16	17	19	19	20	20	18	25	22	23	25
江　西	21	20	20	21	27	18	25	27	23	26	26
云　南	17	24	24	24	26	26	22	26	26	27	27
宁　夏	28	28	27	27	25	27	28	28	28	28	28
青　海	30	29	28	29	29	29	29	29	29	29	29
海　南	29	30	30	30	30	30	30	30	30	30	30

18.5　大气环境质量有所改善，在高速城镇化背景下，大气污染导致的城市健康损失呈增加趋势

2014 年，我国大气环境质量有所改善，经人口加权的全国 PM_{10} 年均质量浓度为 101 μg/m³，比 2013 年下降了 3.8%。环境质量报告显示，PM_{10} 年均质量浓度为 35～233 μg/m³，平均为 105 μg/m³，同比下降 3.7%；达标城市比例为 21.7%，同比上升 2.4 个百分点。但我国大气环境污染仍相对严重，空气质量达标率低。2014 年，全国开展空气质量新标准监测的 161 个地级及以上城市中，有 16 个城市空气质量年均值达标，145 个城市空气质量超标。全国有 470 个城市（区、县）开展了降水监测，酸雨城市比例为 29.8%，酸雨频率平均为 17.4%。

2004—2014 年我们主要利用我国城市监测数据，对 PM_{10} 导致的人体健康损失进行了核算。结果显示，我国每年城镇地区与室外空气污染有关的过早死亡人数为 35 万～52 万人，2014 年核算的城镇地区与室外空气污染有关的过早死亡人数为 52.4 万人，与世界银行和 WHO 的核算结果相近。其中，我国东部地区 25.2 万人，占全国总数的 48.0%；中部地区 15.5 万人，占总数的 29.7%；西部地区 11.7 万人，占总数的 22.3%。如果不考虑城镇化带来的城市暴露人口的增加，

2014 年我国大气污染导致的过早死亡人数为 51.1 万人，比 2013 年下降 1.9%。2014 年我国城镇实际死亡人数为 468.4 万人，与城镇大气污染有关的过早死亡人数占城镇实际死亡人数的 11.2%。具体到各省份而言，新疆、宁夏、北京等地区于大气污染有关的城镇过早死亡人数占城镇实际死亡人数的比例都超过了 15%；而海南、云南、贵州、福建、吉林等省份与大气污染有关的过早死亡人数较低。从空气污染导致的死亡率看，中部地区最高，为 0.71‰，东部地区为 0.69‰，西部地区为 0.67‰。

2014 年是贯彻落实《大气污染防治行动计划》（以下简称"大气十条"）的关键一年，紧紧围绕空气质量改善的主线，出台配套政策，落实目标责任。①强化"大气十条"考核。国务院办公厅发布《大气污染防治行动计划实施情况考核办法（试行）》，确立了以质量改善为核心的考核体系。②完善环境法规。配合法制办修订《大气污染防治法》，2014 年 11 月 26 日，国务院常务会讨论通过《中华人民共和国大气污染防治法（修订草案）》，2014 年 2 月 12 日，国务院常务会议审议确定了首批落实"大气十条"22 项配套政策。③健全区域协作机制。配合京津冀及周边地区、长三角、珠三角地区大气污染防治协作机制开展工作，加强区域协作，实行联防联控，完成重点城市大气颗粒物来源研究，在共同解决区域性大气污染方面发挥积极作用。④切实保障重大活动环境空气质量安全。会同京津冀、长三角协作机制编制印发《京津冀及周边地区 2014 年亚太经济合作组织会议空气质量保障方案》《第二届夏季青年奥林匹克运动会环境质量保障工作方案》。期望通过"大气十条"的实施，大气环境质量能够得到有效改善，大气污染导致的健康损失显著下降。

18.6 我国经济增长的物质投入和物质消耗增速快，资源投入产出效率低

2000—2011 年，无论从总量物质消耗还是人均物质消耗，资源消耗都呈增加趋势，本地物质投入从 58.95 亿 t 增加到 140 亿 t，增加 1.37 倍；本地物质消耗从 56.68 亿 t 增加到 125.47 亿 t，增加了 1.21 倍。2012 年以来，我国遏制了物质投入和物质消耗的增长趋势，2013 年的物质投入和物质消耗分别为 130.7 亿 t 和 117.7 亿 t。"十一五"时期以来，人均本地采掘、人均本地物质投入和人均本地物质消耗增加趋势明显。2000 年我国人均本地采掘为 4.4 t/人，人均本地物质投

入为 4.7 t/人，人均本地物质消耗为 4.5 t/人，"十五"期间，这三项指标呈现相对低速的增加，"十一五"时期以来，这三项指标的增速相对较快。其中，人均本地采掘由 5.6 t/人增加到 7.7 t/人，人均本地物质投入由 6.3 t/人增加到 8.9 t/人，人均本地消耗由 5.4 t/人增加到 7.9 t/人，2013 年这三项指标分别为 7.9 t/人、9.6 t/人、8.7 t/人。

除经济高速增长是导致物质消耗增加的原因外，我国资源消耗的经济产出效率低、产业结构过重、经济增长的物质投入过高也是主要原因之一。以单位资源消耗的 GDP 作为资源产出效率，结果显示，虽然我国的资源产出率在逐年提高，由 2000 年的 1 750 元/t 上升到 2013 年的 2 924 元/t，增加了 67.1%。但与欧盟等发达国家相比，我国资源产出率相对较低，比欧盟主要发达国家的资源产出效率低 10 倍左右（图 18-8）。当前，我国本地物质消耗已达到 117.7 亿 t，且资源产出率较低，依靠资源高投入的经济发展整体局面与模式并未得到明显改善。

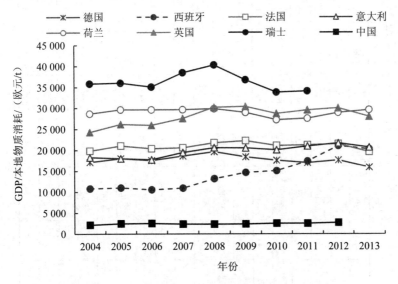

图 18-8　中国及欧盟主要国家的物质投入产出效率

附录 1　2004—2014 年核算结果比较

项目		单位	2004 年	2005 年	2006 年	2007 年	2008 年	2009 年	2010 年	2011 年	2012 年	2013 年	2014 年
实物量核算	水	废水	亿 t	607.2	651.3	723.9	769.2	807.2	847.9	873.2	874.0	925.0	929.5	950.0
		COD	万 t	2 109.3	2 195	2 345	2 223	2 765	2 847	3 021	2 480	2 405	2 330	2 273
		氨氮	万 t	223.2	242.5	248.3	241.7	200.5	208.6	216.4	256.1	251.7	243.6	236.6
	大气	SO₂	万 t	2 450.2	2 568.5	2 680.6	2 434.3	2 323.5	2 148.2	2 090.8	2 217.1	2 117.4	2 043.7	1 974.2
		烟（粉尘）	万 t	2 000.6	2 093.7	1 897.2	1 685.3	1 486.5	1 371.4	1 277.9	1 215.7	1 171.9	1 218.6	1 683.2
		NOₓ	万 t	1 646.6	1 937.1	2 173.2	2 374.6	2 494.1	2 631.0	2 796.1	2 403.9	2 337.4	2 226.6	2 073.7
	固体废物	一般工业固体废物	万 t	27 428.5	27 108.2	23 701.1	25 311.7	22 469.5	21 420.0	24 418.2	42 688.4	59 930.0	42 764.0	45 092.0
		危险废物	万 t	344.4	337.9	286.80	154.01	196.21	218.91	167.81	918.73	846.91	810.88	690.62
		生活垃圾	万 t	6 567.5	6 029.6	7 896.1	6 927.4	6 116.8	6 300.4	7 173.4	7 175.5	7 062.3	8 245.7	8 050.3
治理成本	实际治理成本	废水	亿元	344.4	400.7	562.0	653.7	786.2	1 083.2	1 298.1	1 232.6	1 619.4	1 560.2	1 396.9
		废气	亿元	478.2	835	1 046.2	1 369.7	1 775.9	1 923.7	2 204.8	3 148.4	3 102.8	3 150.1	3 476.2
		固体废物	亿元	182.7	217.3	195.1	281.9	340.8	330.5	414.7	601.0	579.6	611.7	654.7
		合计	亿元	1 005.3	1453	1 803.4	2 305.3	2 902.9	3 337.4	3 917.5	4 982.0	5 301.7	5 322.0	5 527.8
	虚拟治理成本	废水	亿元	1 808.7	2084	2 143.8	2 121.1	2 613.5	2 993.8	3 490.1	2 203.4	2 097.1	1 979.6	1 874.5
		废气	亿元	922.3	1 610.9	1 821.5	2 104.8	2 227.7	2 343.3	1 952.9	4 197.1	4 464.4	4 704.8	4 797.3
		固体废物	亿元	143.5	148.7	147.3	129.8	142.9	133.8	146.3	325.6	326.7	288.9	260.1
		合计	亿元	2 874.4	3 843.7	4 112.6	4 355.6	4 984.0	5 470.8	5 589.3	6 726.2	6 888.2	6 973.3	6 931.9

项目		单位	2004 年	2005 年	2006 年	2007 年	2008 年	2009 年	2010 年	2011 年	2012 年	2013 年	2014 年
环境退化成本	废水	亿元	2 862.8	2 836	3 387.0	3 595.1	4 105.0	4 310.9	4 620.4	5 644.2	6 064.9	6 752.1	7 756.4
	废气	亿元	2 198	2 869	3 051.0	3 616.7	4 725.6	5 197.6	6 183.4	6 683.8	6 750.4	8 611.0	10 011.9
	固体废物	亿元	6.5	29.6	29.6	65.1	63.6	136.6	168.0	274.2	457.3	308.1	327.2
	污染事故	亿元	50.9	53.4	40.2	57.2	53.3	56.0	61.0	88.2	85.0	123.3	123.3
	合计	亿元	5 118.2	5 787.9	6 507.7	7 334.1	8 947.6	9 701.1	11 032.8	12 690.4	13 357.6	15 794.5	18 218.8
国内生产总值	行业合计	亿元	159 878	183 085	210 871.0	249 529.8	300 670.0	364 015.6	401 202.0	521 441.1	518 942.1	568 845.2	636 139
	地区合计	亿元	167 587	197 789	231 053.3	275 624.6	327 219.8	365 303.7	437 042.0	521 441.1	576 551.8	630 009.3	684 349
污染扣减指数	行业合计	%	1.8	2.1	2.0	1.7	1.7	1.5	1.4	1.4	1.3	1.2	1.1
	地区合计	%	1.72	1.94	1.8	1.6	1.5	1.5	1.3	1.3	1.2	1.1	1.0
环境退化指数		%	3.05	2.93	2.82	2.66	2.73	2.66	2.52	2.4	2.3	2.5	2.7
生态破环损失		亿元	—	—	—	—	3 961.8	4 206.5	4 417	4 758.5	4 745.9	4 753.5	4 756.2
生态环境退化成本		亿元	—	—	—	—	12 745.7	13 916.2	15 513.8	17 449.0	18 103.5	20 547.9	22 975.0
生态环境退化指数		%	—	—	—	—	3.9	3.8	3.5	3.3	3.1	3.3	3.4

注：（1）表中治理成本、环境退化成本、国内生产总值采用当年价格。

（2）2006 年种植业废水核算方法有所变化、2007 年农村生活污水与污染物排放量的核算方法有调整，2009 年固体废物环境退化成本核算方法有调整，核算结果不可比；

（3）2011—2014 年实物量核算直接采用环境统计数据，核算结果与 2004—2010 年结果不可比。

161

附录2 2013 年各地区核算结果

地区	项目	地区生产总值/亿元	虚拟治理成本/亿元	污染扣减指数/%	环境退化成本/亿元	环境退化指数/%	生态破坏损失/亿元	生态破坏指数/%	生态环境退化成本/亿元	生态环境退化指数/%
东部	北京	19 500.6	164.8	0.8	391.8	2.01	5.8	0.03	397.6	2.04
	天津	14 370.2	92.9	0.6	346.2	2.41	8.4	0.06	354.6	2.47
	河北	28 301.4	401.1	1.4	1 774.2	6.27	107.0	0.38	1 881.2	6.65
	辽宁	27 077.7	258.0	1.0	582.0	2.15	109.9	0.41	692.0	2.56
	上海	21 602.1	95.6	0.4	519.8	2.41	7.0	0.03	526.8	2.44
	江苏	59 161.8	606.8	1.0	1 248.7	2.11	75.2	0.13	1 323.9	2.24
	浙江	37 568.5	522.2	1.4	721.3	1.92	92.0	0.24	813.3	2.16
	福建	21 759.6	154.7	0.7	348.6	1.60	18.4	0.08	367.0	1.68
	山东	54 684.3	557.5	1.0	1 543.1	2.82	149.7	0.27	1 692.8	3.09
	广东	62 164.0	476.1	0.8	973.9	1.57	136.1	0.22	1 110.0	1.79
	海南	3 146.5	29.7	0.9	40.4	1.28	10.1	0.32	50.5	1.6
	小计	349 336.5	3 359.5	0.96	8 490.0	2.43	719.5	0.21	9 209.6	2.64
	占全国比/%	55.4	48.2	—	54.1	—	15.1	—	45.0	—
中部	山西	12 602.2	207.4	1.6	368.9	2.93	266.6	2.12	635.5	5.05
	吉林	12 981.5	133.2	1.0	262.0	2.02	92.3	0.71	354.3	2.73
	黑龙江	14 382.9	198.6	1.4	377.4	2.62	480.8	3.34	858.2	5.96
	安徽	19 038.9	222.7	1.2	437.1	2.30	35.1	0.18	472.2	2.48
	江西	14 338.5	152.3	1.1	248.7	1.73	35.5	0.25	284.2	1.98
	河南	32 155.9	384.6	1.2	985.8	3.07	162.0	0.50	1 147.8	3.57
	湖北	24 668.5	251.8	1.0	395.2	1.60	182.7	0.74	577.9	2.34
	湖南	24 501.7	208.7	0.9	605.5	2.47	166.8	0.68	772.3	3.15
	小计	154 670.0	1 759.3	1.14	3 680.6	2.38	1 421.7	0.92	5 102.3	3.3
	占全国比/%	24.6	25.2	—	23.4	—	29.9	—	24.9	—
西部	内蒙古	16 832.4	185.8	1.1	509.1	3.02	489.7	2.91	998.8	5.93
	广西	14 378.0	159.6	1.1	258.2	1.80	177.8	1.24	436.0	3.04
	重庆	12 656.7	125.7	1.0	368.7	2.91	6.2	0.05	374.9	2.96
	四川	26 260.8	308.8	1.2	530.8	2.02	239.1	0.91	769.9	2.93
	贵州	8 006.8	108.7	1.4	300.1	3.75	74.2	0.93	374.3	4.68
	云南	11 720.9	182.4	1.6	232.5	1.98	150.8	1.29	383.3	3.27
	西藏	807.7	57.7	7.1	43.5	5.38	474.2	58.71	517.6	64.09
	陕西	16 045.2	202.8	1.3	516.8	3.22	99.6	0.62	616.4	3.84
	甘肃	6 268.0	114.0	1.8	259.5	4.14	203.0	3.24	462.5	7.38
	青海	2 101.1	113.7	5.4	84.6	4.03	507.0	24.13	591.6	28.16
	宁夏	2 565.1	74.8	2.9	152.6	5.95	26.0	1.01	178.6	6.96
	新疆	8 360.2	220.5	2.6	275.9	3.30	164.7	1.97	440.6	5.27
	小计	126 002.8	1 854.5	1.5	3 532.4	2.8	2 612.2	2.07	6 144.6	4.87
	占全国比/%	20.0	26.6	—	22.5	—	55.0	—	30.0	—
	全国	630 009.3	6 973.3	1.1	15 794.5	2.51	4 753.5	0.75	20 547.9	3.3

注：渔业事故经济损失没有分地区数据，因此，全国合计数大于各地区加和数。

附录3　2014年各地区核算结果

	项目 地区	地区生产总值/ 亿元	虚拟治理成本/ 亿元	污染扣减指数/ %	环境退化成本/ 亿元	环境退化指数/ %	生态破坏损失/ 亿元	生态破坏指数/ %	生态环境退化成本/ 亿元	生态环境退化指数/ %
东部	北京	21 330.8	152.4	0.7	474.7	2.2	5.8	0.0	480.5	2.3
	天津	15 726.9	85.9	0.5	399.1	2.5	8.5	0.1	407.6	2.6
	河北	29 421.2	413.4	1.4	1 846.5	6.3	107.6	0.4	1 954.1	6.6
	辽宁	28 626.6	269.3	0.9	684.4	2.4	111.1	0.4	795.5	2.8
	上海	23 567.7	93.8	0.4	595.3	2.5	7.1	0.0	602.4	2.6
	江苏	65 088.3	604.2	0.9	1 369.5	2.1	76.0	0.1	1 445.5	2.2
	浙江	40 173.0	513.0	1.3	797.0	2.0	92.9	0.2	890.0	2.2
	福建	24 055.8	157.5	0.7	379.9	1.6	18.5	0.1	398.5	1.7
	山东	59 426.6	556.4	0.9	1 724.6	2.9	151.2	0.3	1 875.8	3.2
	广东	67 809.9	479.2	0.7	1 089.7	1.6	137.6	0.2	1 227.3	1.8
	海南	3 500.7	31.7	0.9	40.7	1.2	10.2	0.3	50.9	1.5
	小计	378 727.5	3 356.8	0.9	9 401.4	2.5	726.7	0.2	10 128.1	2.7
	占全国比/%	55.3	48.4	—	52.0	—	15.3	—	44.3	—
中部	山西	12 761.5	203.9	1.6	424.7	3.3	268.0	2.1	692.6	5.4
	吉林	13 803.1	133.4	1.0	278.1	2.0	92.8	0.7	370.9	2.7
	黑龙江	15 039.4	192.5	1.3	379.0	2.5	483.0	3.2	861.9	5.7
	安徽	20 848.8	227.4	1.1	520.0	2.5	35.5	0.2	555.5	2.7
	江西	15 714.6	152.2	1.1	271.4	1.7	35.8	0.2	307.2	2.0
	河南	34 938.2	388.7	1.1	1 604.8	4.6	163.3	0.5	1 768.1	5.1
	湖北	27 379.2	258.7	0.9	456.5	1.7	184.3	0.6	640.8	2.3
	湖南	27 037.3	219.6	0.8	645.5	2.4	168.5	0.6	814.0	3.0
	小计	167 522.2	1 776.4	1.1	4 579.9	2.7	1 431.2	0.9	6 011.1	3.6
	占全国比/%	24.5	25.6	—	25.3	—	30.1	—	26.3	—
西部	内蒙古	17 770.2	187.7	1.1	576.1	3.2	486.6	2.7	1 062.7	6.0
	广西	15 672.9	158.6	1.0	306.4	2.0	178.9	1.1	485.4	3.1
	重庆	14 262.6	128.4	0.9	457.8	3.2	6.2	0.0	464.0	3.3
	四川	28 536.7	300.3	1.1	667.8	2.3	237.8	0.8	905.6	3.2
	贵州	9 266.4	118.2	1.3	339.7	3.7	74.7	0.8	414.4	4.5
	云南	12 814.6	192.8	1.5	266.8	2.1	151.9	1.2	418.7	3.3
	西藏	920.8	9.1	1.0	45.5	4.9	471.7	51.2	517.1	56.2
	陕西	17 689.9	207.6	1.2	596.3	3.4	99.3	0.6	695.6	3.9
	甘肃	6 836.8	117.8	1.7	290.6	4.2	202.2	3.0	492.7	7.2
	青海	2 303.3	83.6	3.6	96.2	4.2	500.6	21.7	596.8	25.9
	宁夏	2 752.1	73.0	2.7	167.9	6.1	25.9	0.9	193.8	7.0
	新疆	9 273.5	221.5	2.4	303.2	3.3	162.5	1.8	465.7	5.0
	小计	138 099.8	1 798.7	1.3	4 114.2	3.0	2 598.3	1.9	6 712.5	4.9
	占全国比/%	20.2	25.9	—	22.7	—	54.6	—	29.4	—
	全国	684 349.4	6 931.9	1.0	18 218.8	2.6	4 756.2	0.7	22 975.0	

注：渔业事故经济损失没有分地区数据，因此，全国合计数大于各地区加和数。

163

附录 4 相关概念

GDP 污染扣减指数（Pollution Reduction Index to GDP，PRI_{GDP}），是指虚拟治理成本占当年行业合计 GDP 的百分比，即 GDP 污染扣减指数 = 虚拟治理成本/当年行业合计 GDP×100%。由于虚拟治理成本基本上是根据市场价格核算的环境治理成本计算的，因此可以作为"中间消耗成本"直接在 GDP 中扣减。

GDP 环境退化指数（Environmental Degradation Index to GDP，EDI_{GDP}），是指环境退化成本占当年地区合计 GDP 的百分比，即 GDP 环境退化指数=环境退化成本/当年地区合计 GDP×100%。

GDP 生态环境退化指数（Ecological and Environmental Degradation Index to GDP，$EEDI_{GDP}$），是指生态破坏损失和环境退化成本占当年地区合计 GDP 的百分比，即 GDP 生态环境退化指数=（生态破坏损失+环境退化成本）/当年地区合计 GDP×100%。

GDP 环境保护支出指数（Environmental Protection Expenditure Index to GDP，$EPEI_{GDP}$），是指环境保护支出占当年行业合计 GDP 的百分比，即 GDP 环保支出指数=环境保护支出/当年行业合计 GDP×100%。本报告采用狭义的环境保护支出指数，GDP 环境治理支出指数=环境治理支出/当年行业合计 GDP×100%。

生态环境损失（Ecological and Environmental Damage），指生态破坏损失与环境退化成本之和。

致　谢

本报告由生态环境部环境规划院牵头完成，由《中国环境经济核算研究报告 2013》和《中国环境经济核算研究报告 2014》组合而成。相关数据主要由中国环境监测总站和国家统计局提供，《中国绿色国民经济核算体系》研究单位还包括清华大学环境学院、中国人民大学和生态环境部环境与经济政策研究中心。

感谢中国科学院牛文元教授、环境保护部金鉴明院士、世界银行高级环境专家谢剑博士、世界银行驻中国代表处 Andres Liebenthal 主任、联合国环境署盛馥来博士、北京大学雷明教授、挪威经济研究中心（ECON）Hakkon Vennemo 研究员、美国哥伦比亚大学 Perter Bartelmus 教授、加拿大阿尔伯塔大学 Mark Anielski 教授、意大利 FEEM 研究中心 Giorgio Vicini 研究员等专家对中国绿色国民经济核算方法体系提出的真知灼见。

感谢全国人大环境与资源保护委员会、全国政协人口资源环境委员会、环境保护部对外环境保护经济合作中心、国家统计局工业交通统计司、国家统计局社会科技统计司、水利部水利水电规划设计总院、卫生部疾病预防控制中心等单位对中国环境经济核算研究提供的帮助；感谢财政部、科技部和世界银行意大利信托资金对中国绿色国民经济核算研究给予的资金和项目支持。

感谢对中国绿色国民经济核算研究曾经给予关心、指导和帮助的所有人！